REIHE AUTOMATISIERUNGSTECHNIK

HERAUSGEGEBEN VON B. WAGNER UND G. SCHWARZE BAND **93**

Erich Bürger

Informationsspeicher für Datenverarbeitung und Rechentechnik

Springer Fachmedien Wiesbaden GmbH

ISBN 978-3-663-05230-2   ISBN 978-3-663-05229-6 (eBook)
DOI 10.1007/978-3-663-05229-6
Lektor: *Jürgen Reichenbach*
Bestellnummer: 5093

Einbandgestaltung: *Peter Kohlhase*

Inhaltsverzeichnis

1. Einführung

Große Mengen von Informationen sind bei der Planung und Leitung der Wirtschaft täglich zu erfassen, zu speichern und auszuwerten. Auch in den Betrieben und Verwaltungen werden laufend umfangreiche Datenmengen verarbeitet, die zunächst erfaßt und gespeichert werden müssen. Eine hohe Effektivität bei der Bearbeitung dieser Daten ist aber nur gewährleistet, wenn ihre Aufbereitung mit einem möglichst geringen Aufwand in kurzer Zeit erfolgt. Der Einsatz der elektronischen Datenverarbeitung hat hier einen entscheidenden Fortschritt bei der Bewältigung dieser umfangreichen Datenmengen gebracht. Die elektronischen Datenverarbeitungsanlagen und Rechenanlagen ermöglichen die Speicherung und Verarbeitung der Informationen in einer Zeit, die den Erfordernissen weitgehend entspricht.

Um dem ständig wachsenden Informationsbedürfnis gerecht zu werden, muß vor allem die Speicherung der umfangreichen Informationen gesichert werden. Dazu sind Informationsspeicher großer Kapazität, d. h. mit einem großen Aufnahmevermögen, erforderlich.

1.1. Bedeutung der Speicher für Datenverarbeitung und Rechentechnik

Die Anwendung der elektronischen Datenverarbeitung setzt eine dem Einsatzgebiet entsprechende Speicherkapazität voraus. Somit wird der Speicher ein wichtiger Bestandteil elektronischer Datenverarbeitungsanlagen und Rechenautomaten. Darüber hinaus stellt der Speicher eine wichtige Baueinheit aller Geräte und Maschinen zur Datenerfassung, Datenverarbeitung und Datenübertragung dar, in denen Daten über eine längere oder kürzere Zeit gespeichert werden müssen.

Die wesentlichsten Aufgaben des Speichers sind:

1. Aufbewahrung von Informationen und von Zwischenergebnissen, die zur Auswertung in Datenverarbeitungsanlagen oder zur Berechnung in elektronischen Rechenautomaten benötigt werden, um die ökonomischen und technischen Prozesse effektiv durchführen zu können.

2. Speicherung von umfangreichen Programmen und Programmkonstanten zur Durchführung der Datenverarbeitung und wissenschaftlich-technischer Berechnungen.

3. Aufbewahrung von Informationen für ökonomische, technische und wissenschaftliche Aufgaben (Kennziffern, Erfahrungswerte, Marktinformationen, Bauteile, Standardisierungsunterlagen, Literaturinformationen, Patentunterlagen, konstruktive und technologische Erfahrungen und Lösungsmöglichkeiten, medizinische Daten usw.). Dieses Gebiet der Speicherung von Informationen wird in Zukunft eine große Bedeutung erlangen, da sich durch den Aufbau solcher „elektronischer Wissensspeicher" ganze Kataloge mit kurzer Zugriffszeit aufbauen lassen. Hier befindet sich die technische Entwicklung jedoch erst im Anfangsstadium, da zunächst Systeme mit Speicherhierarchie aufzubauen sind.

1.2.   Grundsätzliche Wirkungsweise des Speichers

Aus dem Zusammenwirken des Speichers mit den anderen Baueinheiten
einer elektronischen Datenverarbeitungsanlage ergibt sich die grundsätzliche Arbeitsweise der Speichereinheit. Im Bild 1 ist das vereinfacht
dargestellte Blockschaltbild einer elektronischen Datenverarbeitungsanlage zu sehen. Wie aus dem Bild zu erkennen ist, besteht eine solche
Anlage im wesentlichen aus

1. der Zentraleinheit mit Bedienungspult und

2. den Eingabe- und Ausgabeeinheiten,

die mit der Zentraleinheit verbunden sind. Das Rechenwerk, die Steuereinheit und interne Speicher sind zur Zentraleinheit zusammengefaßt, wie
Bild 1 zeigt (s. a. RA 77). Außer den Eingabe- und Ausgabeeinheiten
arbeitet die Zentraleinheit auch mit weiteren Zusatzspeichern zusammen.

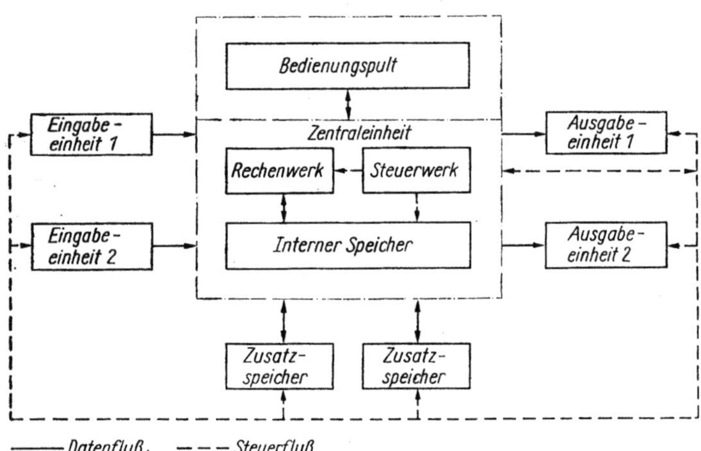

Bild 1. *Vereinfachtes Blockschaltbild einer elektronischen Datenverarbeitungsanlage*

Die zu verarbeitenden Daten werden mit Hilfe der Eingabeeinheiten der
Zentraleinheit zugeführt, wobei die Daten in die interne Sprache des
Automaten umgeformt werden. Alle Daten werden im Speicher so lange
gespeichert, bis die Verarbeitung durch das Rechenwerk erfolgen kann.
Die Folge der durchzuführenden Operationen wird dabei durch das Steuerwerk gesteuert. Nachdem die Daten in der Anlage verarbeitet worden
sind, erfolgt die Ausgabe der Informationen bzw. Ergebnisse durch die
angeschlossenen Ausgabeeinheiten. Dieser Verlauf der Daten und die
Steuerung der einzelnen Baueinheiten durch das Steuerwerk ist im Bild 1
eingezeichnet.

Die Speicherung der **Daten** erfolgt in Zellen, in die der **Speicher** unterteilt
ist. Jede Speicherzelle hat eine Adresse, damit die Information sicher
wieder aufgefunden wird. Die Auswahl einer Zelle erfolgt durch einen
bestimmten Aufrufbefehl der Anlage. Auch das Speichern der Informationen wird durch einen entsprechenden Befehl der Datenverarbeitungsanlage bewirkt. Außerdem enthält die Befehlsliste einer Anlage Befehle
zum Löschen bestimmter Informationen im Speicher.

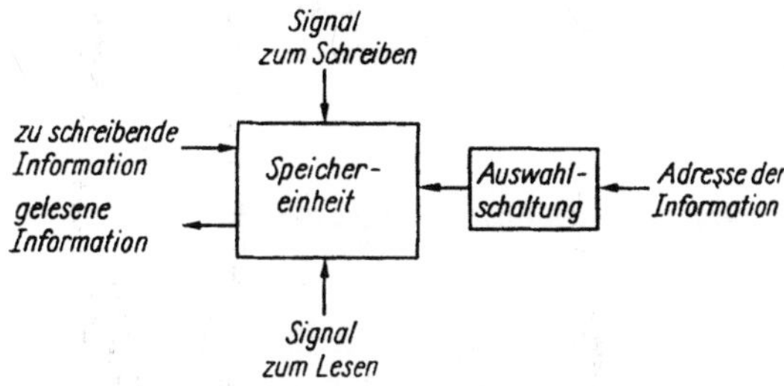

**Bild 2. Grundprinzip eines
Speichers**

Die grundsätzliche Wirkungsweise eines Speichers geht aus Bild 2 hervor.
Für die Auswahl der Speicherzelle zum Einbringen („Schreiben") oder
Heraustransportieren („Lesen") einer Information ist die Auswahlschaltung wichtig. Die Adresse der Information gelangt zunächst zu dieser
Baugruppe, mit deren Hilfe die gewünschte Zelle ausgewählt wird, sobald
ein Signal aus dem Steuerwerk ankommt. Soll eine Information in den
Speicher geschrieben werden, so wird ein Signal zum Schreiben gegeben,
wie es im Bild 2 angegeben ist. Zum Lesen der Information ist ebenfalls
ein entsprechendes Signal erforderlich.
Nach der *Arbeitsweise* können zwei Gruppen von Speichern unterschieden
werden:

a) Löschbare Speicher

Es handelt sich um Speichermedien, die durch Löschbefehle in einen
definierten Zustand gebracht werden können (hierzu gehören z. B. Trommelspeicher und Ferritkernspeicher).

b) Festspeicher (Totspeicher)

In einem solchen Speicher befindliche Informationen können nur gelesen
werden. Sie dienen vor allem zur Speicherung von Programmkonstanten
und Routineprogrammen, die geschützt in der Datenverarbeitungsanlage
vorliegen müssen, damit nicht durch z. B. einen irrtümlich gegebenen
Befehl diese Informationen zerstört werden.

In der Literatur findet man auch eine andere Einteilung. So wird von
Festspeichern gesprochen, wenn es sich um Speichermedien handelt, die
nur eine einmalige Speicherung zulassen, wie es beispielsweise bei Lochbändern und Lochkarten der Fall ist. Alle anderen Speicher, deren Zellen
nach dem Löschen wieder mit anderen Informationen gefüllt werden
können, bezeichnet man als Arbeitsspeicher [3].

Nach der *Art des Zugriffs* zur gespeicherten Information werden ebenfalls zwei Ausführungen von Speichereinheiten unterschieden:

a) Speicher mit Reihenfolgezugriff

Der Zugriff zu den gespeicherten Informationen ist so organisiert, daß sie nur in der Reihenfolge der Speicherung gelesen werden können (z. B. Magnetbandspeicher).

b) Speicher mit wahlfreiem Zugriff

Die Informationen auf jedem Speicherplatz (in jeder Speicherzelle) können mit wahlfreiem Zugriff direkt gelesen werden (z. B. Ferritkern-speicher, Magnetplattenspeicher).

1.3. Forderungen an Speicher und wichtigste Parameter

1.3.1. Forderungen

An die Speichereinheiten werden zur Erfüllung der Aufgaben innerhalb eines Datenverarbeitungssystems einige grundsätzliche Forderungen gestellt. Weitere Forderungen resultieren aus dem technischen Aufbau der elektronischen Datenverarbeitungsanlage. So erfordert beispielsweise die hohe Arbeitsgeschwindigkeit des elektronischen Rechenwerks, daß die Daten aus dem Speicher schnell gelesen und an das Rechenwerk in kürzester Zeit übertragen werden. Auch das Zwischenspeichern von Zwischenergebnissen im Speicher muß sehr schnell erfolgen, um Wartezeiten für das Rechenwerk möglichst zu vermeiden. Insbesondere muß daher die Speichereinheit folgende Forderungen erfüllen:

Das Überführen von Informationen in den Speicher und das Abgeben an das Rechen- oder Steuerwerk muß mit hoher Geschwindigkeit erfolgen.

Das Aufbewahren von Informationen im Speicher muß beliebig lange möglich sein.

Zum Speichern neuer Informationen müssen die nicht mehr benötigten auf einfachste Weise löschbar sein.

Die gespeicherte Information muß sicher aufgefunden werden.

Der Speicher muß eine hohe Lebensdauer und dem Verwendungszweck angepaßte Speicherkapazität und Zugriffszeit haben.

Die Kosten des Speichers sollen klein sein.

Um diese Forderungen erfüllen zu können, sind für die Zwecke der Datenverarbeitung und Rechentechnik die verschiedensten Speichertypen entwickelt, die aber mehr oder weniger nur einen Kompromiß zur Erfüllung dieser Forderungen darstellen. So wird beispielsweise eine große Speicherkapazität und geringer Preis für die Speichereinheit gefordert, so daß hier technische Lösungen entstehen, die nur teilweise die geforderten Bedingungen erfüllen.

1.3.2. Parameter

Die wichtigsten Kennwerte der Speichereinheiten sind folgende:

1.3.2.1. *Speicherkapazität*

Die Speicherkapazität ist das Aufnahmevermögen eines Speichers. Sie wird in der Literatur sehr unterschiedlich angegeben:

a) *Bits (bzw. bit)*

Das ist eine Bezeichnung, die aus dem englischen Begriff *binary* digi*t* gebildet worden ist. Bit bedeutet also Binärziffer.

Die Speicherung der Informationen erfolgt im Binärsystem, d. h. in Kombinationen der zwei Binärziffern O und L (bzw. 1). So werden beispielsweise die Ziffern, Zeichen und Buchstaben der EDVA R 300 in der im Bild 3 angegebenen Form dargestellt, indem jeweils für eine Zahl oder einen Buchstaben acht Binärziffern gespeichert werden, von denen sechs Binärziffern (zwei Überbits und vier Bits des numerischen Teils)

Numerischer Teil	Überbits				
	00	OL	LO		LL
0000	0	+	—	-0	'
000L	1	A	J	-1	/
00L0	2	B	K	-2	S
00LL	3	C	L	-3	T
0L00	4	D	M	-4	U
0L0L	5	E	N	-5	V
0LL0	6	F	O	-6	W
0LLL	7	G	P	-7	X
L000	8	H	Q	-8	Y
L00L	9	I	R	-9	Z
L0L0	□	~	≈		≋
L0LL	#	·	)		, Ⓢ
LL00	(	;	*		%
LL0L	:	!	⇌		∧
LLL0	, Ⓢ	„ Ⓢ	<		>
LLLL	]	"	?		[

Ⓢ *Steuerzeichen*

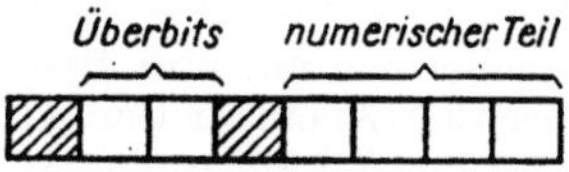

Bild 3. Binärkombinationen zur Darstellung des Alphabets der EDVA R 300

variabel zur Kennzeichnung der Daten ausgeführt werden. Im jeweiligen Speichermedium werden also die Buchstaben, Ziffern und Zeichen als Kombinationen, bestehend aus acht Binärziffern, dargestellt. Als nächstgrößere Maßeinheit wird K bit verwendet (1 K bit = 1024 bit; 1 K = 2^{10}).

b) Byte (auch byte)

In diesem Fall werden die Daten in einer Gruppe (z. B. 6 oder 8 bit) dargestellt, wobei diese Binärziffergruppe als Einheit im Computer verarbeitet wird. Ein 8-bit-Byte kann beispielsweise die Bitkombination für zwei Dezimalziffern oder einen Buchstaben bedeuten. In diesem Fall werden für die Dezimalziffer zweimal 4 bit und für den Buchstaben einmal 8 bit benötigt (auch hier wird die nächstgrößere Maßeinheit mit K bezeichnet; K Byte bedeutet somit 1024 Bytes und wird oft auch als „Kilobytes" bezeichnet).

c) Zeichen

Das Zeichen kann eine Dezimalziffer, ein Buchstabe oder ein mathematisches bzw. Zeichen des Alphabets sein, wobei für jedes Zeichen eine bestimmte Zahl von Binärziffern festgesetzt worden ist. Die Speicherkapazität wird beispielsweise für einen Zusatzspeicher (Ferritkernspeicher) der Anlage R 300 mit $C = 10\,000$ Zeichen (zu je 8 bit) angegeben.

d) Worte

Ein Wort besteht aus einer bestimmten Zahl von Zeichen bzw. bits. So hat beispielsweise der digitale Kleinrechner Cellatron SER 2c eine Speicherkapazität von $C = 126$ Worten (zu je 48 bit).

Die Angaben für die Speicherkapazität in Zeichen oder Worten resultiert aus der unterschiedlichen Speicherorganisation, d. h., ob der Speicher in Zellen unterteilt ist, die jeweils ein Zeichen oder ein Wort aufnehmen können. Im ersten Fall wird von zeichenorganisiertem Speicher gesprochen, und die Kapazität wird in Zeichen angegeben. Ist der Speicher dagegen wortorganisiert aufgebaut, so kann in jeder Zelle ein ganzes Wort gespeichert werden, und die Speicherkapazität wird in Worten angegeben.

1.3.2.2. Zugriffszeit

Als Zugriffszeit t_z wird die Zeit bezeichnet, die vom Eintreffen eines Lesebefehls in der Speichersteuerung bis zur Abgabe der Information an die entsprechende Baueinheit (meist Rechenwerk) vergeht. Die Zugriffszeit schließt somit die Zeitspanne ein, die zwischen dem Aufruf einer Speicherzelle und dem Ende des Schreib- bzw. Lesevorgangs liegt.

Speicher mit wahlfreiem Zugriff haben kleine Zugriffszeiten, während die Speicher mit Reihenfolgezugriff größere Zugriffszeiten aufweisen.

Bei einigen Speichern wird beim Lesen die Information zerstört. Somit muß die Information danach wieder eingespeichert werden. In diesem Fall wird von der Zykluszeit t_{zy} gesprochen, weil die erforderliche Zeit für das Wiedereinspeichern in die Zugriffszeit mit eingeht ($t_{zy} > t_z$).

Die Größe der Zugriffszeit ist vom Speichermedium und Speicheraufbau abhängig. Sie beträgt z. B. für den Ferritkernspeicher der Anlage R 300 $t_z = 3\ \mu s$/Zeichen, während sie beim Rechner ZRA 1 mit $t_z = 2$ ms/Wort angegeben wird.

10

1.3.2.3. *Speicherkosten*

Bei der Auswahl eines Speichers spielen die Kosten eine wichtige Rolle. Die Angaben über die Kosten sind jedoch problematisch, da sich die tatsächlichen Kosten nicht exakt ermitteln lassen. Meist werden als Speicherkosten die Kosten für das Speichermedium, die Aufrufeinrichtung und für das Schreib- sowie Lesesystem angesetzt.

Die Gesamtkosten K_{ges} lassen sich angenähert durch die folgende Beziehung ermitteln, wobei Z_i die Zahl der Baugruppen und K_i die Kosten je Baugruppe bedeutet:

$$K_{ges} = \sum_{i=1}^{n} Z_i K_i$$

Zu berücksichtigen ist, daß neben den Kosten auch andere Einflußgrößen bei der Einschätzung eines Speichers für die Zwecke der Datenverarbeitung und Rechentechnik eine Rolle spielen, wie die Betriebssicherheit und die Leistung des Gesamtsystems.

Einige Durchschnittswerte für die Kosten bekannter Speicher sind aus folgender Übersicht ersichtlich [4]:

Speicherart	Kosten je Bit in Pfennig	Mittlere Zugriffszeit
Magnettrommel	4	5 ms
Ferritringkern	200	5 µs
Magnetband	0,2	50 s
Magnetplatten	0,8	0,5 s

1.3.2.4. *Operationsbeschreibungen in Programmablaufplänen*

Abschließend soll noch in diesem Abschnitt auf die Kennzeichen für Operationsbeschreibungen in Programmablaufplänen hingewiesen werden, die im Zusammenhang mit den Speichern benutzt werden. Diese Kennzeichen sind standardisiert (Tafel 1). Es muß besonders der Unterschied in der Kennzeichnung zwischen *Inhalt* und *Adresse* einer Speicherzelle hervorgehoben werden.

1.4.　　Einteilung der Speicher

Die Einteilung der Speicher kann verschieden vorgenommen werden. In der Literatur findet man recht unterschiedliche Hinweise. Das Bild 4 zeigt einige wesentliche Möglichkeiten für das Einteilen der verschiedenen Speichereinheiten. So kann die *Einteilung* nach folgenden Gesichtspunkten vorgenommen werden:

1. *Anwendung*

In diesem Fall ist die Unterscheidung in *interne* (innere) und *externe* (äußere) Speicher zweckmäßig. Die internen Speicher sind Bestandteil

Kennzeichen	Bedeutung	Erläuterung
$\Longleftarrow$ oder $:\underline{\qquad}$	Ergibt	Pfeilspitze oder Doppelpunkt weist auf Ergebnis. Auch rechts gerichtet statthaft z. B. $i \Longleftarrow i + 1$
$\longrightarrow$	Transport	z B $a \longrightarrow b$
$\langle \quad \rangle$	Inhalt (einer Speicherzelle)	z B $\langle B \rangle = a$
$\langle\!\langle \quad \rangle\!\rangle$	Substituierter Inhalt (einer Speicherzelle)	z. B. $\langle\!\langle C \rangle\!\rangle = D$
$\rangle \quad \langle$	Adresse (einer Speicherzelle)	z B. $\rangle a \langle = B$

der Zentraleinheit; sie haben eine kurze **Zugriffszeit**, so daß die gespeicherten Informationen sehr schnell dem Rechenwerk übermittelt werden können. Interne Speicher sind beispielsweise Magnetkernspeicher und dünne magnetische Schichten. Die externen Speicher werden mit der Zentraleinheit über elektrische Kabel verbunden, so z. B. die Magnetbandspeicher oder andere Zusatzspeicher (z. B. Magnettrommelspeicher, Magnetkern-Zusatzspeicher). Bei der EDVA R 300 im Bild 5 sind die Zusatzspeicher *ZS 1* bis *ZS 4* und die Magnetbandeinheiten *MBE 1* bis *MBE 8* externe Speicher, während der in der Zentraleinheit untergebrachte Hauptspeicher als interner Speicher zu betrachten ist.

2. Wirkungsweise

Hier ist die Unterteilung in statische und dynamische Speicher günstig. Die *statischen* Speicher haben keine beweglichen Bauteile als Speicherelemente (z. B. Magnetkernspeicher). Die *dynamischen* Speicher haben in der Regel ein Speichermedium, das durch einen Elektromotor angetrieben in Bewegung versetzt wird. Solche Speicher sind der Magnettrommel- und Magnetplattenspeicher.

3. Physikalisches Prinzip

Es wird in dem Fall hinsichtlich der erforderlichen Energiezufuhr nach dem Einlesen der Daten in den Speicher unterschieden. Der *Strukturspeicher* zeichnet sich dadurch aus, daß das Einspeichern von Informationen zu Strukturänderungen starrer Körper führt. Bei Unterbrechung der Energiezufuhr wird der Speicherinhalt nicht verändert. Außerdem ermöglichen diese Speicher eine hohe Speicherdichte (z. B. Trommelspeicher, Ferritkernspeicher). Die *Energiespeicher* erfordern zur Erhaltung der Information nach dem Einlesen eine ständige Energiezufuhr, da sonst

die Informationen verlorengehen. Zu diesen Speichern gehören beispielsweise die akustischen Laufzeitspeicher. *Rückkopplungsspeicher* ermöglichen
das ständige Anzeigen des Speicherinhalts durch Elemente, die mehrere
Zustände (meistens zwei stabile Zustände) darstellen können. Zu diesen
Speichern gehören Glimmröhren und Flipflops [4].

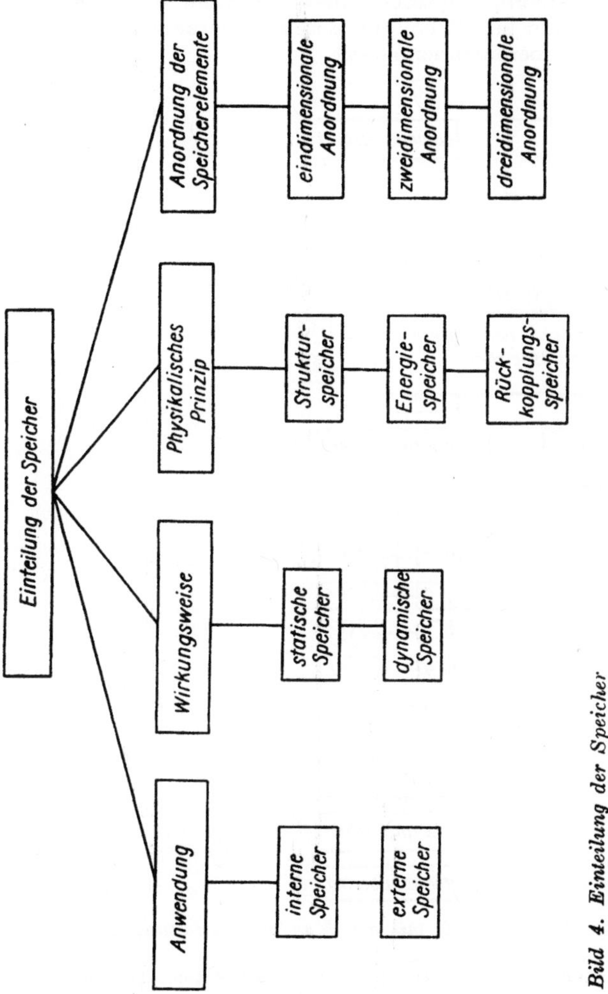

Bild 4. Einteilung der Speicher

4. Anordnung der Speicherelemente

Auch nach der Anordnung der Speicherelemente oder des Speichermediums kann die Einteilung vorgenommen werden. So kann man bei
einem Laufzeitspeicher von einer *eindimensionalen Anordnung* sprechen,

da die Informationen in einer Leitung gespeichert werden. Die Oberfläche
der Magnettrommel wird beispielsweise in Zellen aufgeteilt, die sich aus
der Zahl der Spuren und der Aufteilung innerhalb einer Spur ergibt, so
daß hier eine *zweidimensionale Anordnung* vorliegt. Eine *dreidimensionale
Anordnung* ergibt sich z. B. bei einem Magnetkernspeicher, da die Speicherelemente (Magnetkerne) in einem Block angeordnet sind. Dieser Speicherblock setzt sich aus matrixförmig angeordneten Kernen zusammen, die
in einer Ebene liegen, und zur Erhöhung der Speicherkapazität werden
mehrere dieser Ebenen übereinandergesetzt.

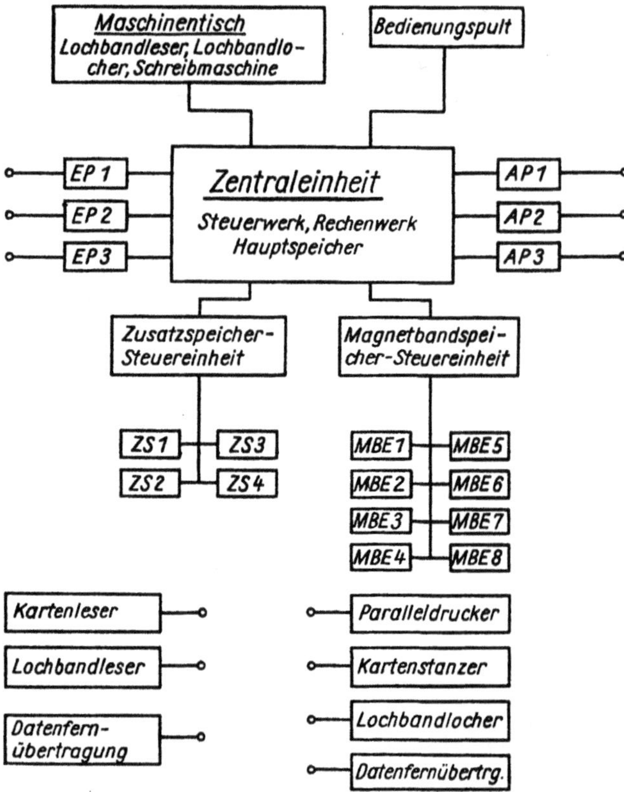

*Bild 5. Blockschaltbild EDVA R 300 mit der Maximalausstattung an externen
Speichern*
EP Eingabepuffer; *AP* Ausgabepuffer; *ZS* Zusatzspeicher; *MBE* Magnetbandeinheit

Außer den hier genannten Möglichkeiten findet man in der Literatur
weitere Einteilungen. So wird beispielsweise in [3] die Einteilung in Festspeicher und Arbeitsspeicher vorgenommen. Als Festspeicher werden
solche Speicher angesehen, die nur eine einmalige Speicherung zulassen

(Lochband, Lochkarte). Als Arbeitsspeicher werden alle Speicher betrachtet, bei denen durch Befehle die Informationen gelöscht, neu eingegeben bzw. überschrieben werden können, wie es bei Trommelspeichern, Magnetkernspeichern, Magnetbandgeräten usw. der Fall ist. Es ergeben sich jedoch bei dieser Unterteilung Überschneidungen zu den bereits erläuterten Einteilungsmöglichkeiten, so daß im Bild 4 auf die Darstellung verzichtet worden ist.

Bei der Behandlung der verschiedenen Typen von Speichern in diesem Band wird von der Einteilung nach der Anwendung bzw. Art der Stellung in der elektronischen Datenverarbeitungsanlage ausgegangen.

Eine Übersicht über externe und interne Speicher, die in modernen elektronischen Datenverarbeitungsanlagen und Rechenautomaten verwendet werden, ist in Tafel 2, S. 87 zusammengestellt. In dieser Zusammenstellung sind auch Hinweise auf die Speicherkapazität enthalten.

2. Interne Speicher

2.1. Magnettrommelspeicher

Der Trommelspeicher zählt zu den ältesten Speichern. Bereits 1943 erfolgte eine Patentanmeldung. In dem folgenden Jahrzehnt fand dieser Speicher weite Verbreitung in elektronischen Digitalrechnern und in den Geräten und Maschinen zur Datenerfassung und Datenverarbeitung. Auch heute noch zählt dieser Speicher zu den am häufigsten angewandten Informationsspeichern. Die Ursache dafür ist vor allem in dem günstigen Verhältnis vom Preis zur Speicherkapazität zu suchen, wobei die Zugriffszeit sich den Zeitbedingungen der Einsatzgebiete angepaßt hat. Außerdem konnte die Betriebssicherheit der Trommelspeicher durch die jahrzehntelangen konstruktiven Erfahrungen beträchtlich erhöht werden.

Während zunächst die Speicherkapazität nur einige tausend Zeichen betrug, wurde sie inzwischen auf mehrere Millionen Zeichen gesteigert, wobei gleichzeitig die mittlere Zugriffszeit verringert werden konnte. Sie liegt nun im Bereich 2 bis 20 ms.

2.1.1. Aufbau und Wirkungsweise von Trommelspeichern

Beim Trommelspeicher lassen sich im wesentlichen folgende Baugruppen unterscheiden:

1. Antrieb
2. Gehäuse mit Kopfbefestigung und Trommellagerung
3. rotierender Trommelkörper
4. elektrische Steuereinheit zum Schreiben und Lesen

Das Bild 6 zeigt diese Teile des Trommelspeichers in schematischer Darstellung. Durch den Antrieb wird die im Gehäuse gelagerte Trommel in Umdrehungen versetzt. Die Trommel besteht meist aus einer Leichtmetallegierung (z. B. Gal—Si—Cu, Al—Cu—Mg), die einen kleinen Wärmeausdehnungskoeffizienten hat. Die auf die Trommeloberfläche

aufgebrachte Speicherschicht enthält Eisenoxid oder Nickel und wird
durch organische Bindemittel mit dem Grundmaterial verbunden. An
die Schicht werden besondere Forderungen gestellt. Sie muß weitgehend
unempfindlich gegen Wärmeausdehnungen und größere Fliehkräfte sein.

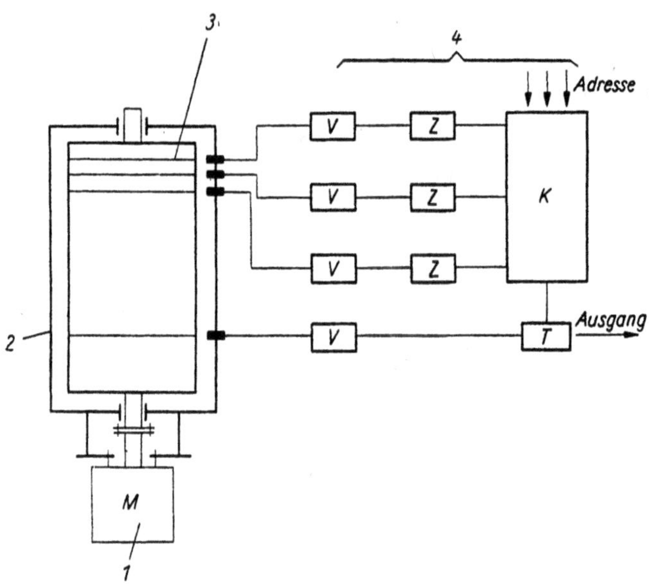

Bild 6. Vereinfachtes Blockschaltbild eines Magnettrommelspeichers
1 Antrieb; 2 Gehäuse; 3 Trommel; 4 Steuereinheit
V Verstärker; Z Zähler; K Koinzidenzschaltung; T Torschaltung; M Motor

Die Dickenschwankungen sollen höchstens $\pm$ 5 µm betragen. Während
bei der Magnetbandspeicherung die Köpfe beim Schreiben und Lesen
an der Speicherschicht anliegen, sind die Köpfe beim Trommelspeicher
so angeordnet, daß zwischen Schichtoberfläche und Kopf ein Abstand
von 10 bis 50 µm vorhanden ist. Um trotz dieses Abstands zwischen Trommel und Köpfen eine hohe Speicherdichte zu erhalten, muß die Ausführung
der Köpfe verändert werden. Es kommt für die Impulsspeicherung bei
Trommelspeichern eine hufeisenförmige Ausführung zur Anwendung. In
der technologischen Ausführung unterscheiden sich die Köpfe für Trommelspeicher oft erheblich.
Die Wirkungsweise beim Schreiben und Lesen ist folgendermaßen: Das
Speichern der Impulse erfolgt in der Form, daß bei nichtverschiebbaren
Köpfen stets nur die gleiche Mantelfläche des Trommelspeichers beeinflußt
werden kann. In dieser Spur werden in der Speicherschicht beim Schreiben
Dipole erzeugt, die beim Lesen im gleichen Kopf Ströme erzeugen, die
verstärkt werden.
Jede Spur ist in Zellen unterteilt. Die Auswahl der Spur und Zelle erfolgt
mit Hilfe von Taktspuren. Das sind ständig vorhandene Impulse in

besonderen Spuren, durch die das Ausblenden nicht benötigter Impulse
gesteuert wird. Durch Zählen der von den Taktspuren erzeugten Impulse
und durch Vergleich mit der sog. Adresse in der Koinzidenzeinheit wird
die gesuchte Zelle gefunden und gelesen. Die Zeit bis zum Auffinden einer
bestimmten Zelle hängt beim Trommelspeicher hauptsächlich von der
Drehzahl der Trommel ab. Je höher die Drehzahl ist, um so kleiner ist
die Zugriffszeit.

1. Schreib- und Leseköpfe

Die Trommelspeicher lassen sich so ausführen, daß für das Schreiben
und Lesen getrennte Köpfe verwendet werden. Diese Ausführung ist
verhältnismäßig teuer, so daß besser ein Kopf sowohl zum Schreiben als
auch zum Lesen verwendet wird. An einen solchen Kopf werden besonders
folgende Forderungen gestellt:

1. kleiner Strom für das Schreiben

2. große Spannung beim Lesen

3. Gewährleistung einer hohen Impulsdichte

4. kleine Abmessungen

Die Verwirklichung dieser Forderungen bringt erhebliche Schwierigkeiten
mit sich, die vor allem aus Fertigungstoleranzen resultieren.

2. Speicherschichten

Um eine hohe Speicherwirkung bei einer minimalen Feldstärke für dit
Sättigung der Schicht zu erzielen, sind als Forderungen an die Schiche
zu stellen:

1. homogene Zusammensetzung

2. möglichst unempfindlich gegen Wärmeschwankungen

3. hohe Festigkeit

4. gute Haftung auf der Trommeloberfläche

Über die günstigste Zusammensetzung der Schichten zur Erfüllung der
genannten Forderungen bestehen verschiedene Auffassungen. Meist wird
die Zusammensetzung so gewählt, daß die Speicherschicht aus 60% Magne-
tit (Fe_3O_4) und 40% Lack besteht.

3. Lagerungsfragen

Die Anordnung und Befestigung der Köpfe und die Lagerung des rotierenden Trommelkörpers erfordern besondere konstruktive Maßnahmen.
Die Befestigung der Köpfe im Gehäuse kann auf verschiedene Weise
erfolgen. Unter Berücksichtigung der verschiedenen Möglichkeiten für
die Einstellung des Kopf-Schicht-Abstands gibt es zahlreiche Ausführungen.

Es soll im folgenden auf einige Lösungsmöglichkeiten hingewiesen werden.

Bild 7 zeigt eine einfache und billige Lösung für die Befestigung der Köpfe
im Trommelgehäuse. Die Bohrungen zur Aufnahme der Köpfe befinden
sich im Gehäuseunterteil. Die Köpfe werden in die Bohrung eingeführt
und in radialer Richtung durch das Zwischenlegen einer Folie justiert.
Danach erfolgt das Festklemmen des Kopfes durch eine Klemmschraube.

Die Ausrichtung des Kopfes in bezug auf den Magnetspalt erfolgt nach Augenmaß oder durch eine am Kopf angebrachte Marke.

Als Nachteil der Lösung gemäß Bild 7 ist zu nennen, daß die Justage durch das Benutzen der Folie etwas erschwert wird. Außerdem ist die Beschädigung des Kopfhalses durch die Klemmschraube möglich. Die Justage des Kopfes ist einfacher bei der Lösung nach Bild 8. Der Aufwand ist jedoch etwas höher als bei der zuletztgenannten Ausführung. Der Kopf befindet sich in der Buchse *3*. Diese Buchse ist mit einem Feingewinde versehen und wird so in das Gehäuse eingedreht, daß der Schlitz der Buchse *3* um 30° gegenüber der senkrechten verdreht ist. Der Kopf wird nun in die Bohrung der Buchse *3* eingeführt und durch die Klemmschraube festgeklemmt, nachdem der Kopf die Trommeloberfläche berührt hat. Die Buchse wird nun um einen bestimmten Betrag zurückgedreht (z. B. 30°), so daß der vorgesehene Kopf-Schicht-Abstand erreicht wird.

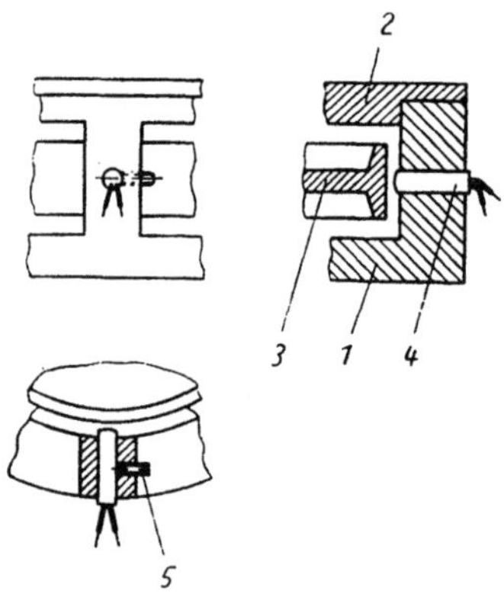

Bild 7. Einfache Ausführung einer Kopfhalterung durch Verwendung einer Klemmschraube

1 Gehäuseunterteil; *2* Gehäuseoberteil; *3* Trommel; *4* Magnetkopf; *5* Klemmschraub

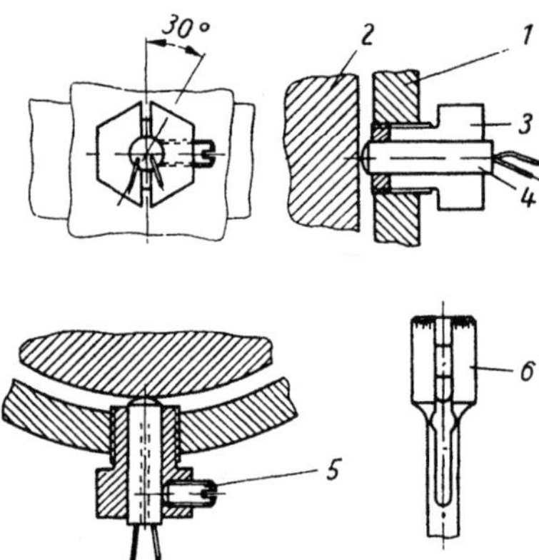

Bild 8. Kopfhalterung durch Verwendung einer Buchse

1 Gehäuse; *2* Trommel; *3* Buchse; *4* Magnetkopf; *5* Klemmschraube; *6* Steckschlüssel

2.1.2. Ausgeführte Trommelspeicher

In der Vergangenheit sind die verschiedensten Typen von Trommelspeichern entwickelt worden. Auf zwei Ausführungen soll kurz hingewiesen werden.

Der am Institut für Praktische Mathematik der TH Darmstadt entwickelte Trommelspeicher hat zwei Kugellager (Bild 9). Bemerkenswert bei dieser Trommel ist der Antrieb durch den kollektorlosen Außenläufermotor, der sich im Innern der Trommel befindet. Der Durchmesser der Trommel ist klein gehalten, um eine möglichst hohe Zugriffszeit zu erreichen. Eine interessante Lösung stellt der Ferranti-Trommelspeicher dar (Bild 10). Die Trommel hat zwei ausgewählte Spezialkugellager, die eine hohe Lebensdauer gewährleisten sollen. Der vertikal montierte

18

Duraluminiumzylinder hat an den Enden Aufnahmen. Oben ist der Antriebsmotor und am unteren Ende eine Wirbelstrombremse angeordnet. Durch diese Ausführung soll ein guter Synchronlauf zwischen Trommel und elektronischer Rechenmaschine gewährleistet werden. Die rotierende Welle wirkt gleichzeitig als Ventilator, indem die Luft durch Filter angesaugt und durch Auslaßöffnungen nach außen gedrückt wird. Hierdurch

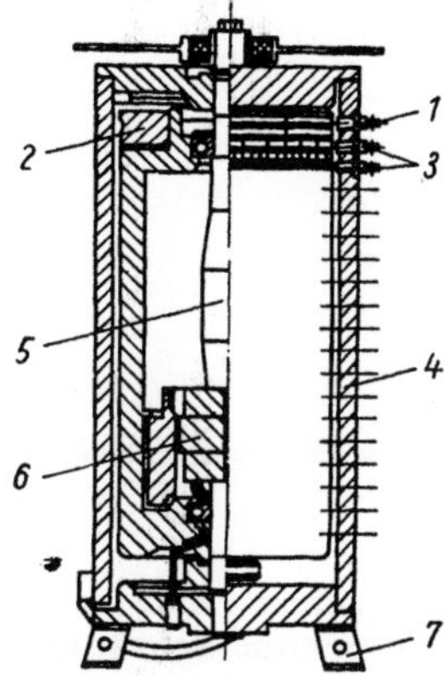

Bild 9. Beispiel einer mit zwei Kugellagern aufgebauten Trommellagerung

1 Taktkopf; 2 Taktringe; 3 Signalköpfe; 4 Gehäuse; 5 Achse (fest angeordnet); 6 Außenläufermotor

soll eine zu hohe Erwärmung der Trommel vermieden werden. Die Köpfe sind radial schraubenförmig angeordnet. Die Justage erfolgt durch Verschrauben, wobei der erforderliche Kopf-Schicht-Abstand durch pneumatische Meßmethoden gesichert werden soll.

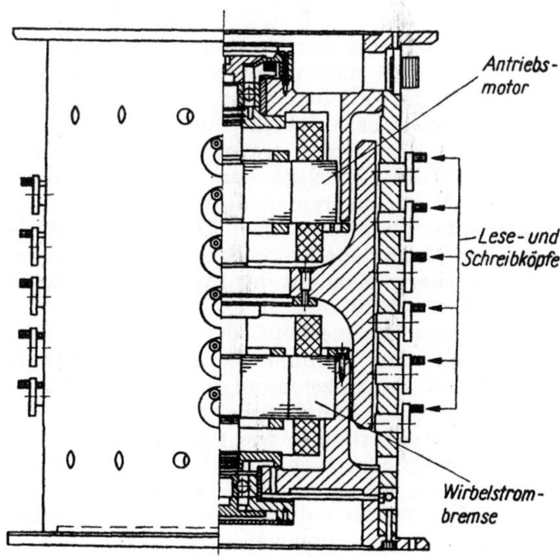

Bild 10
Aufbau der Ferranti-Speichertrommel

Wird die Anordnung des Antriebs zum Trommelspeicher betrachtet, so
lassen sich drei Grundbauformen unterscheiden. Das Bild 11 zeigt diese
Bauformen im Prinzip und stark vereinfacht. In allen Fällen ist die
Anordnung der Welle des Trommelspeichers sowohl horizontal als auch
vertikal möglich.

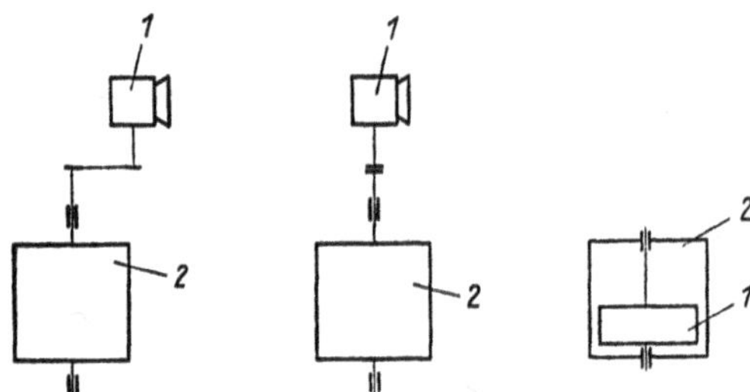

Bild 11. Möglichkeiten für die Anordnung des Antriebs bei Trommelspeichern
1 Antrieb; 2 rotierende Trommel

Die Zahl der ausgeführten Trommelspeicher ist heute schon recht hoch.
Es werden Trommelspeicher als Baueinheiten in besonderen Schränken
angeboten. Daneben wurden zahlreiche Trommelspeicher für spezielle
Zwecke entwickelt.
Der in der EDVA R 300 verwendete Trommelspeicher hat beispielsweise
eine Speicherkapazität von 100 000 Zeichen. Die mittlere Zugriffszeit
beträgt 20 ms.

2.1.3. Aufzeichnungsverfahren

Beim Aufzeichnen von Informationen auf der Trommeloberfläche wird
die Methode angewendet, die aus der Magnettontechnik bekannt ist:
Durch ein Magnetfeld, das durch das Fließen eines Stromes in einer
Wicklung entsteht, wird die magnetisierbare Schicht durch den magnetischen Fluß so beeinflußt, daß das dem Spalt gegenüberliegende Ober-
flächenelement magnetisiert wird (Bild 12). Nach dem Abschalten einer
magnetischen Feldstärke H verbleibt ein remanentes Magnetfeld (gekennzeichnet durch die remanente Flußdichte B_r). Dieses Magnetfeld
induziert beim Vorbeibewegen am Magnetspalt eine Spannung U_L in der
Lesewicklung, da sich das magnetisierte Element der Speicherschicht wie
ein remanenter magnetischer Dipol verhält.
Durch die Relativbewegung zwischen Magnetkopf, der zum Lesen oder
Schreiben der Informationen auf der Trommeloberfläche verwendet
wird, und der Trommeloberfläche ist die Aufzeichnung der Informationen
durch einen Magnetkopf stets nur in einer Spur möglich. Das Gehäuse des
Trommelspeichers hat nun so viel Magnetköpfe, wie Spuren geschrieben
werden. In einer Spur können 2 bis 60 Binärziffern je Millimeter geschrieben
werden. Um eine große Speicherkapazität zu erreichen, wird diese Längs-
dichte so groß wie möglich gewählt. Sie ist neben konstruktiven Größen
vom verwendeten Aufzeichnungsverfahren (Schreibverfahren) abhängig.

Im Bild 12 sind einige wichtige Schreibverfahren zusammengestellt.
Diese Verfahren werden nicht nur für Trommelspeicher, sondern für alle
dynamischen bzw. magnetomotorischen Speicher angewendet.

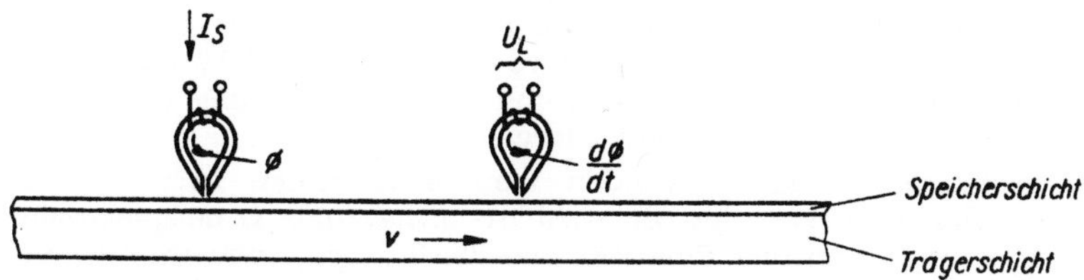

Nr.	Bezeichnung des Schreibverfahrens	Verlauf des Schreibstromes I_S bzw. der Leserspannung U_L
1	Einfach-Impulsschrift, Rückkehr zur Null, RZ-Verfahren, (return to zero)	I_S, U_L — L 0 0 L L 0
2	Zweifach-Impulsschrift, RZ-Verfahren, (return to zero)	I_S, U_L — L 0 0 L L 0
3	Richtungsschrift, NRZ-Verfahren, (non return to zero)	I_S, U_L — L 0 0 L L 0
4	Richtungswechselschrift, (modified non return to zero)	I_S, U_L — L 0 0 L L 0
5	Wellenschrift, Zweiphasenschrift, Richtungstaktschrift, (phase modulation)	I_S, U_L — L 0 0 L L 0
6	Rückkehr zur Grundmagnetisierung, RB-Verfahren, (return to bias)	I_S, U_L — L 0 0 L L 0

Bild 12. Schreibverfahren für elektromotorische Speicher (idealisiert dargestellt)

Ein wichtiges Unterscheidungsmerkmal der verschiedenen Schreibverfahren ist die Häufigkeit des Wechsels der Schreibstromrichtung. Dieser
Wechsel erfolgt als Funktion der Zeit und des Ortes auf der Spur.

Ein einfach zu realisierendes Schreibverfahren stellt die Impulsschrift dar.
Hier wird die Einfach- und Zweifachimpulsschrift unterschieden. Bei der
Einfachimpulsschrift wird die Binärziffer L durch einen Impuls und die
Ziffer 0 durch einen fehlenden Impuls dargestellt. Das Bild 12 zeigt unter
Nr. 1 den Verlauf des Schreibstroms I_S und der Lesespannung U_L für die
angegebene Kombination von Binärziffern.

Für die *Zweifachimpulsschrift* werden zum Aufzeichnen Impulse verschiedener Polarität verwendet. So wird die Binärziffer L beispielsweise
durch einen Impuls positiver Polarität und die 0 durch einen Impuls entgegengesetzter Polarität dargestellt. Der Schreibstrom bzw. die Magnetisierung geht nach jedem Impuls in den nichtmagnetisierten Zustand
zurück. Dadurch ergeben sich bei diesem Schreibverfahren drei magnetische Zustände. Es liegt hier ein konstanter Abstand zwischen den Impulsen vor. Neue Impulse lassen sich ohne vorheriges Löschen schreiben,
so daß die nicht mehr benötigten Informationen einfach überschrieben
werden.

Die unter den Nrn. 3 bis 5 im Bild 12 aufgeführten Schreibverfahren sind
so auszuführen, daß sich nur Übergänge zwischen den beiden Sättigungs-
zuständen ergeben. Ein solcher Übergang entsteht stets bei dem Wechsel
der Binärziffer. So kommen bei der *Richtungsschrift* nur die zwei Sätti-
gungszustände vor, denen die Binärziffern L und O entsprechen. Bei
diesem Verfahren dauert der Schreibstrom bzw. die Magnetisierung in
der gleichen Richtung so lange an, wie die gleichen Binärziffern geschrieben
werden. Dadurch ergibt sich der angegebene Verlauf für die Lesespannung
U_L, indem beim Lesen der Ziffer L ein positiver und beim Lesen der 0
ein negativer Impuls entsteht.

Die *Richtungswechselschrift* ist so aufgebaut, daß nur beim Wechseln der
Ziffernfolge Übergänge von dem einen zum anderen Sättigungszustand
entstehen. Dadurch ergeben sich nur Leseimpulse beim Übergang von 0
zu L oder beim Wechsel von L nach 0. Beim Lesen einer 0 entsteht kein
Leseimpuls.

Eine größere Folge von Leseimpulsen entsteht bei der *Wellenschrift*
(Nr. 5 im Bild 12). Hier stellen die Binärziffern 0 und L ganz bestimmte
Richtungen des Schreibstroms dar. So ergibt sich für die Binärziffer 0
ein Verlauf der Lesespannung von Minus nach Plus, während für die L
die umgekehrte Folge der Lesespannung zu verzeichnen ist [4].

Eine Möglichkeit für die Verwirklichung des Schreibverfahrens *RZ*
(Impulsschrift) ist im Bild 13 vereinfacht dargestellt. In diesem Bild ist
der Spannungsverlauf beim Lesen der Binärziffern 0 und L aufgezeichnet
(A) worden. Außerdem ist der Spannungsverlauf beim Lesen von L im
Magnetkopf (C), am Begrenzerausgang (D) und am Ausgang der Katodenfolgestufe (E) zu sehen.

Aus Bild 13 ist die Weiterverarbeitung der Lesesignale, die beim Lesen der
Binärziffernkombinationen im Lesekopf der elektromotorischen Speicher
entstehen, ersichtlich. Zunächst werden die Lesesignale (Lesespannung
U_L) einem Verstärker zugeführt, um die im Lesekopf induzierte kleine

Lesespannung zu verstärken. Gleichzeitig erfolgt eine Begrenzung des
Signals, damit eine annähernd rechteckige Form entsteht, wie sie dem
Schreibimpuls entspricht. Im Bild 13 ist dieser Verlauf mit *D* beim Lesen
von L dargestellt. Über eine Katodenfolgestufe werden die Binärziffern
einem Register zugeführt. Von hier aus werden die Informationen entweder dem Rechenwerk oder einer anderer Baueinheit der Datenverarbeitungsanlage zur weiteren Verarbeitung zugeführt.

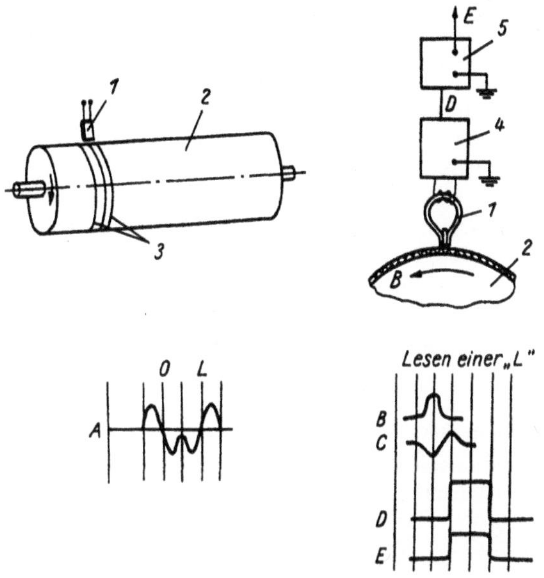

*Bild 13. Realisierung der Impulsschrift (RZ-Verfahren) und Verlauf der Lese-
spannung für die Binärziffer L*

1 Magnetkopf; *2* Trommelkörper; *3* Spuren; *4* Verstärker und Begrenzer; *5* Katodenfolgestufe
A Spannungsverlauf von O und L an der Magnetkopfspule; *B* Magnetisierung der Trommel-
schicht; *C* Spannungsverlauf am Magnetkopf; *D* Verlauf am Verstärker- und Begrenzerausgang;
E Ausgangsverlauf an der Katodenfolgestufe

2.2. Magnetkernspeicher

Der Magnetkernspeicher zählt heute zu den wichtigsten internen Speichern
der Informationstechnik. Das *Einsatzgebiet* dieses Speichers, der auch als
Ferritkernspeicher, Ferritkernmatrixspeicher oder kurz als Kernspeicher
bezeichnet wird, erstreckt sich von den Schreibautomaten über Tisch-
rechner, Buchungsautomaten, Lochkartenmaschinen bis zu den Datenverarbeitungsanlagen. Sicher wird sich das Einsatzgebiet für den Speicher
noch erweitern, so daß in Zukunft kaum eine moderne Maschine, bei der
Informationen zwischengespeichert werden, ohne Magnetkernspeicher
aufgebaut sein wird.

Die zunehmende *Bedeutung* von Magnetkernspeichern für Datenerfassungs-
und Datenverarbeitungsmaschinen resultiert aus verschiedenen Faktoren.
So ist es durch die weitgehende Beherrschung der Kernspeichertechnik
gelungen, sicher arbeitende Magnetkernspeicher aufzubauen. Außerdem
haben diese Speicher keine mechanisch beanspruchten Bauteile, wie
beispielsweise dem Verschleiß unterliegende Lager bei Trommelspeichern,
so daß Wartungsprobleme in dieser Form nicht auftreten. Ein weiterer
wichtiger Vorteil ist die kurze Zugriffszeit, die bei Magnetkernspeichern
erreicht wird.

Wie bei allen technischen Lösungen, so ergeben sich auch bei dem **Magnet**-
kernspeicher nicht nur Vorteile, sondern auch Nachteile. Diese Nachteile
liegen vor allem auf elektrischem Gebiet und in der Herstellung. In den
folgenden Ausführungen wird darauf noch hingewiesen.

Bevor auf den Aufbau der Speicher eingegangen wird, sollen noch einige
Begriffe definiert werden, die im Zusammenhang mit Magnetkernspeichern
verwendet werden:

Die *Schaltzeit* t_s ist die Zeit, die zum Umschalten eines Speicherelements
(Ferritkern) von dem einen in den anderen Zustand benötigt wird.

Die *Schaltenergie* N ist die aufzuwendende Energie, um ein Speicherelement von dem einen in den anderen Zustand zu bringen.

Die *Lesespannung* U_L ist die Spannung, die beim Lesen eines Speicherelements erzielt wird.

2.2.1.   Eigenschaften der Speicherkerne

Die Wirkungsweise von Magnetkernspeichern soll mittels der magnetischen
Hystereseschleife eines Ferritkerns erläutert werden. Diese Hystereseschleife, die im Bild 14 für einen Kern dargestellt ist, kennzeichnet das
magnetische Material hinsichtlich der Eignung für die Informationsspeicherung.

Zunächst soll noch kurz auf die zwei *Arten von Magnetkernen* hingewiesen
werden, die im Informationsspeicher und in Schaltungen zur Anwendung
kommen. Die *Metallkerne* bestehen aus dünnem Metallband von 3 bis
30 μm Dicke, wobei als Werkstoff Permalloy oder eine ähnliche Legierung
verwendet wird. Diese Metallbänder werden in vielen Lagen zu einem
Ring gewickelt und in einen Isolierkörper eingelegt. Der Durchmesser
dieser Kerne beträgt etwa 5 mm. Die *Ferritkerne* werden aus Kupfer-
Mangan-Ferrit oder Magnesium-Mangan-Ferrit durch Sintern hergestellt.
Diese Kerne lassen sich kleiner und billiger herstellen als die Metallkerne.
Der äußere Durchmesser kann 1 mm betragen. Diese Kerne werden vorwiegend für die Speicherzellen von Informationsspeichern verwendet.

Die Informationsspeicherung durch Ferritkerne wird durch die zwei
stabilen Zustände möglich, die die Kerne einnehmen können. Die Wirkungsweise läßt sich anhand einer stromdurchflossenen Gleichstromspule
erläutern. Wird in eine solche Spule ein Stahlstab eingeführt, so bildet
sich an dem einen Ende ein magnetischer Südpol und an dem anderen
ein Nordpol aus. Fließt der Gleichstrom in der anderen Richtung in der
Spule oder wird der Stab herausgenommen und umgekehrt in die Spule
gesteckt, so wird er ummagnetisiert, und die Enden haben die entgegen-

24

gesetzten Polaritäten. Der magnetische Zustand ist in beiden Fällen ausreichend stabil und bleibt ohne äußere Einwirkung längere Zeit erhalten. Werden die Enden des Stabes miteinander verbunden, indem ein geschlossener Ring entsteht, so bleibt die Magnetisierung ebenfalls erhalten. Zur Magnetisierung des Ringes kann man eine Wicklung oder auch mehrere Spulen verwenden.

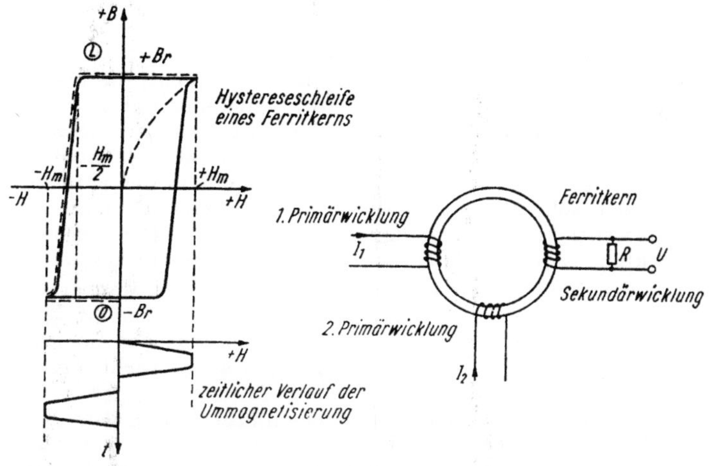

Bild 14. Hystereseschleife und Wicklungen eines Ferritkerns

Bild 14 zeigt rechts einen Ferritringkern, der drei Spulen enthält. Mit Hilfe der zwei Primärwicklungen kann der Ring magnetisch beeinflußt werden. Fließen die Teilströme I_1 und I_2 in der eingezeichneten Richtung, dann nimmt der Ferritkern einen bestimmten magnetischen Zustand ein. Fließt der Strom in der entgegengesetzten Richtung, dann wird der Kern ummagnetisiert. Dabei entsteht in der eingezeichneten Sekundärwicklung ein Impuls. Die Größe der Spannung U, die bei der Ummagnetisierung auftritt, kann in der Sekundärwicklung gemessen werden.
Die Vorgänge beim Magnetisieren eines Ferritkerns lassen sich durch die Hystereseschleife erklären (Bild 14). Zunächst soll der Kern entmagnetisiert vorliegen. Dieser Zustand würde dem Nullpunkt des Koordinatensystems entsprechen, das durch die Linien der magnetischen Feldstärke H und der magnetischen Induktion B gebildet wird. Wird nun in einer Primärspule durch einen Impuls von der Größe $+I$ ein Magnetfeld erzeugt, das der magnetischen Feldstärke $+H_m$ entspricht, so wird der Kern in den Remanenzzustand $+B_r$ gebracht. In dem Kern wird dadurch die Kraftflußdichte B_r erreicht. Der Kern verharrt in diesem Zustand, bis ein Stromimpuls in der entgegengesetzten Richtung durch die Primärwicklung geschickt wird. Erreicht dieser Stromimpuls $-I$ einen Wert, der der magnetischen Feldstärke $-H_m$ entspricht, dann wird der Kern ummagnetisiert und in den durch $-B_r$ gekennzeichneten magnetischen Zustand gebracht. Dieser Verlauf ist im Bild 14 gestrichelt eingezeichnet.

Durch einen Impuls der Größe $+I$, der $+H_m$ entspricht, kann der Zustand $+B_r$ wieder erreicht werden. Diese zwei Zustände sind stabil. Der bei der Ummagnetisierung entstehende zeitliche Ablauf ist unterhalb der Hystereseschleife auf der mit t gekennzeichneten Linie aufgetragen.

In der digitalen Speichertechnik wird der Kern zur Speicherung von 1 bit verwendet. Dabei wird dem einen Remanenzpunkt (z. B. $+B_r$) die Dualziffer L und dem anderen die Ziffer 0 zugeordnet. Im Bild 14 sind diese Zustände eingezeichnet.

2.2.2. Schreib- und Lesevorgang

Wird der Ferritkern in einen der Remanenzpunkte gebracht, die im Bild 14 eingezeichnet sind ($+B_r$ oder $-B_r$), wobei entweder ein negativer oder positiver Stromimpuls benötigt wird, so spricht man vom *Schreiben* von 0 bzw. L. Der hierzu erforderliche Impuls wird als *Schreibimpuls* bezeichnet. Wird durch die Primärwicklung ein Impuls in der entgegengesetzten Richtung geschickt, der den Kern in den anderen remanenten Zustand bringt, so spricht man vom *Lesen* von 0 bzw. L. Der hierbei in der Sekundärwicklung entstehende Impuls wird als *Leseimpuls* bezeichnet. Wie die meisten digitalen Schnellspeicher, so ist auch der Magnetkernspeicher ein Koinzidenzspeicher. Der Aufbau solcher Speicher erfolgt in der Form, daß zur Änderung des magnetischen Zustands der Speicherelemente zwei Stromimpulse der gleichen Polarität aufgebracht werden. Im Bild 14 rechts ist das Prinzip einer solchen Lösung angegeben. Der Kern wird durch die zwei Primärwicklungen beeinflußt. Durch jede dieser Wicklungen wird ein Halbstromimpuls geschickt. Die Summe dieser Impulse reicht aus, um den Kern in den anderen Zustand zu bringen, ihn zu „kippen", wie man in der Praxis diesen Vorgang auch bezeichnet. Durch die Anwendung mehrerer Wicklungen bei einem Ferritkern wird der Aufbau von Speicherebenen möglich.

2.2.3. Aufbau von Speicherebenen

Die Speicherkerne werden in Form einer Matrix angeordnet. Die Zahl der Zeilen x und Spalten y einer solchen Matrix ergibt die Speicherkapazität C_e einer Ebene des Ferritkernspeichers. Werden z. B. 10 Spalten und 10 Zeilen bei der Matrix vorgesehen, so beträgt die Speicherkapazität $C_e = 10 \cdot 10 = 100$ bit dieser Speicherebene. Durch Anordnung mehrerer Ebenen ergibt sich die Gesamtkapazität des Speichers. Werden beispielsweise 10 Ebenen verwendet, so beträgt die Kapazität des Speichers

$$C = 10 \cdot 10 \cdot 10 = 1000 \text{ bit}.$$

Bild 15 zeigt als Beispiel die Auswahl eines Ferritkerns aus einer Speicherebene mit 5 Zeilen und 5 Spalten. Der Schreib- und Lesevorgang erfolgt mit Hilfe der Zeilen- und Spaltenauswahl. Soll beispielsweise der Kern in der Spalte y_2 und Zeile x_2 ausgewählt werden, dann wird über diese Leitungen ein Stromimpuls geschickt. Die zwei Teilströme I_1 und I_2 addieren sich zu der Impulsgröße, die zur Ummagnetisierung des Kerns erforderlich ist. Ist I der erforderliche Stromimpuls, dann würden sich nach Bild 15 die Teilströme wie folgt addieren:

$$I_1 + I_2 = I \qquad \left(\text{mit } I_1 = \frac{1}{2} I \text{ und } I_2 = \frac{1}{2} I\right)$$

Aus Bild 15 ist ersichtlich, daß dabei alle Kerne in der Spalte und Zeile durch einen Stromimpuls von der Größe $\frac{1}{2}I$ beeinflußt werden. Dieser Halbstromimpuls würde aber in den Kernen nicht zum Ummagnetisieren führen, sondern nur der eine Kern, der ausgewählt werden soll und auf dem Kreuzungspunkt der Teilströme liegt, wird gekippt.

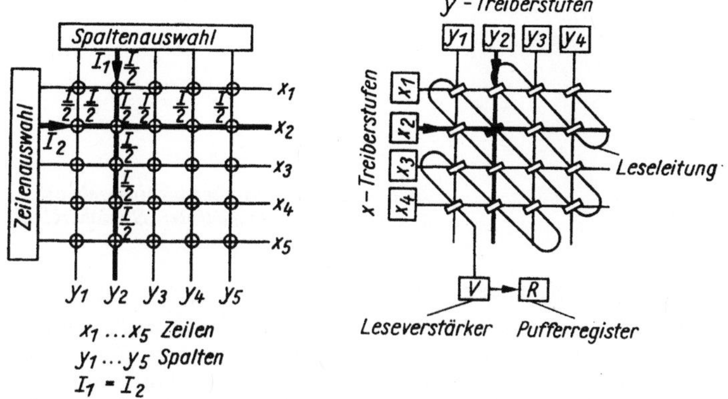

Bild 15. Kernauswahl in einer Speichermatrix

Durch die matrixförmige Anordnung wird somit das Schreiben und Lesen der Information möglich. Zum Lesen der Information ist eine Lesewicklung erforderlich, die durch jeden Kern geführt wird. Bild 15 rechts zeigt diese Anordnung für eine einfache Matrix mit 4 · 4 Kernen. Die Leseleitung ermöglicht das Lesen der Information, da sie diagonal durch jeden Kern geführt ist. Der ausgewählte Kern indiziert beim Ummagnetisieren eine Spannung, die als Impuls über die Leseleitung geführt wird. Dieser Impuls wird im Leseverstärker verstärkt und im Pufferregister zwischengespeichert, bis die Information weiterverarbeitet wird. Die im Bild 15 noch gezeichneten Treiberstufen dienen zum Erzeugen der Impulse für die Kernauswahl und zum „Treiben" durch die jeweilige Spalten- oder Zeilenleitung der Matrix. Im Bild 16 ist ein Beispiel für eine handgefertigte Speicherebene aus einem Speicherblock zu sehen. In diesem Bild ist die matrixförmige Anordnung der Ferritringkerne und die Führung der Spalten-, Zeilen- und Leseleitung zu erkennen. Ferner ist zu erkennen, daß nicht nur jeweils eine Spalten- bzw. Leseleitung durch den Kern führt, sondern weitere Leitungen gezogen sind. Die Notwendigkeit, nicht nur eine Spaltenleitung durch den Kern zu führen, ergibt sich durch die Eigenart der Kerne beim Lesevorgang. Nach dem Lesen des Kerns ist die Information stets zerstört. Enthielt der Kern beispielsweise vor dem Lesen die Dualziffer L, dann ist diese Ziffer nach dem Lesevorgang gelöscht, und es befindet sich die Ziffer 0 auf diesem Speicherplatz. Es macht sich also nach dem Lesen ein Wiedereinsprechen der Ziffer erforderlich, wenn die Information im Speicher erhalten bleiben soll. Zu diesem Zweck werden zwei zusätzliche Leitungen benötigt, die spalten- und zeilenförmig durch die Kerne verlaufen.

Zur Erhöhung der Speicherkapazität werden mehrere Ebenen übereinander angeordnet. Auf die Wirkungsweise bei dieser Anordnung wird im folgenden Abschnitt eingegangen.

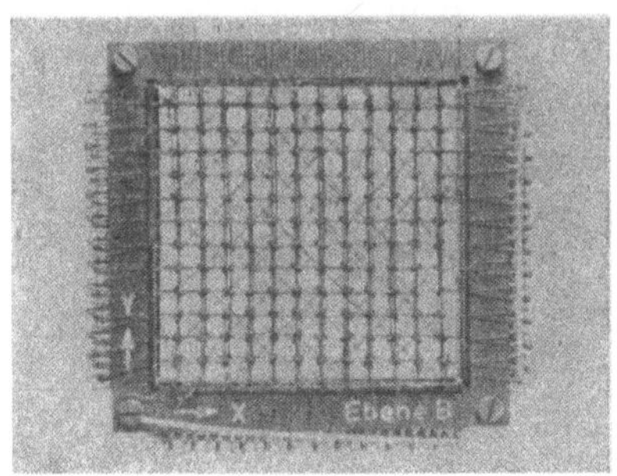

Bild 16. Ferritringkernspeicherebene aus einem handgefertigten Speicherblock

2.2.4. Dreidimensionale Anordnung

Die Speicherkapazität einer Speicherebene, die mit Ferritkernen matrixförmig aufgebaut ist, kann nicht beliebig groß gewählt werden. Es ergeben sich bei einer zu großen Matrix zahlreiche Nachteile, so daß eine optimale Größe angestrebt wird. Um aber eine möglichst große Kapazität für Magnetkernspeicher zu erreichen, werden mehrere Speicherebenen übereinander angeordnet. Dadurch entstehen dreidimensionale Anordnungen. Die Auswahl der Kerne kann dann nicht mehr in der einfachen Form wie bei der Ebene erfolgen.

Die Speicherkapazität beträgt bei einer dreidimensionalen Anordnung $C = n^3$ bit, wenn n Spalten, n Zeilen und n Ebenen vorliegen. Bei $n = 10$ würde sich somit eine Kapazität von $C = 1000$ bit ergeben.

Das Prinzip der Auswahl von Kernen in dreidimensionalen Anordnungen ist im Bild 17a angegeben. Es handelt sich in diesem Fall um einen Speicher, der aus drei Speicherebenen besteht. Zur Vereinfachung der Darstellung wird im vorliegenden Fall in jeder Ebene nur ein Ferritkern dargestellt. Es soll der Kern in der zweiten Ebene ausgewählt werden. Dazu werden durch die drei Leitungen (x, y, z) Impulse in der eingezeichneten Richtung durch die Leitung gesendet. Wird die Richtung der Leitungen in der links im Bild angegebenen Form festgelegt, dann ergibt sich folgender Verlauf der Selektionsleitungen:

I_{yz}: Der Impuls durchläuft zunächst die y-Leitung in der dritten Ebene; die Verbindung zur zweiten Ebene erfolgt über die z-Leitung.

I_{xz}: Der Impulsverlauf führt über die x- und z-Leitung.

I_{yx}: Der Impuls durchläuft die Leitung in y- und dann in x-Richtung.

Für die Auswahl des Kerns in der zweiten Ebene würde es genügen, wenn über die drei eingezeichneten Leitungen ein Teilimpuls gesendet würde. Ist I der für die Magnetisierung erforderliche Impuls, dann gilt

$$I = \frac{1}{3} I_{yz} + \frac{1}{3} I_{xz} + \frac{1}{3} I_{yx}$$

In der Praxis erfolgt jedoch die Auswahl nicht in dieser Form, da sich ein ungünstiges Selektionsverhältnis ergibt. Unter *Selektionsverhältnis* ist das Verhältnis der Durchflutung des erregten (ausgewählten) Kerns zu den teilerregten Kernen zu verstehen. Bei der im Bild 17a gezeigten Lösung würde sich ein Verhältnis von 3 : 2 ergeben. In der Praxis wird durch die Anwendung von sog. Sperrwindungen das Selektionsverhältnis verbessert. Es handelt sich hier um zusätzliche Leitungen, die durch den Kern geführt sind. Über diese Leitungen werden weitere Impulse gesendet, die als negative Impulse in den teilerregten Kernen die Größe der Durchflutung herabsetzen.

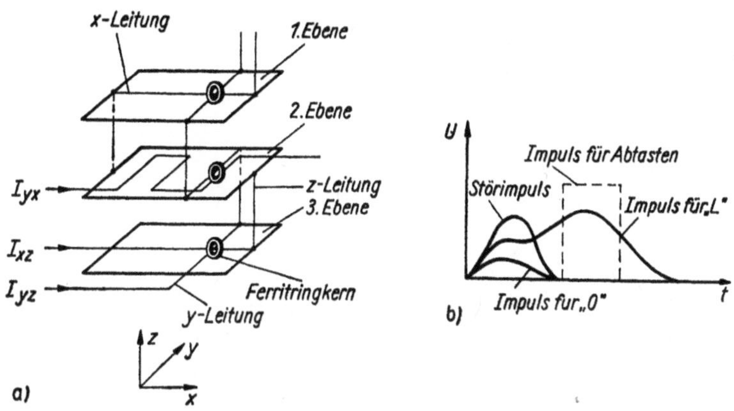

Bild 17

a) Prinzip der Kernauswahl in einer dreidimensionalen Anordnung
b) Spannungsverlauf beim Lesen in der Leseleitung

2.2.5. Impulsverlauf in der Leseleitung und Selektion

In der Leseleitung wird nicht nur beim Ummagnetisieren des Kerns, d. h. beim Lesen der Information, ein Impuls erzeugt, sondern auch bei der teilweisen Erregung des Kerns. Die durch die teilerregten Kerne erzeugten Störimpulse können fast die Größe der Nutzsignale (Impuls für L) erreichen. Bild 17b zeigt den Verlauf von Impulsen, wie sie in der Leseleitung auftreten können. In diesem Bild ist der Verlauf eines Störimpulses und der Verlauf von Nutzimpulsen (Impuls für L und 0) angegeben. Um einen Störimpuls von einem Nutzimpuls zu trennen, kann das Ausblenden des Nutzimpulses mit Hilfe eines Abtastimpulses erfolgen, wie es Bild 17b zeigt. Das setzt aber voraus, daß diese Impulse nicht in der Leseleitung zeitlich zusammenfallen. Diese Bedingung läßt sich einhalten, da die Kerne nicht gleichzeitig erregt werden.
Die in der Leseleitung ankommenden Impulse müssen verstärkt werden, da die Spannung klein ist (etwa 100 mV). Dazu wird ein Leseverstärker benötigt. Dieser Verstärker hat zwei Aufgaben zu erfüllen:

1. Verstärkung der Ausblendung von Lesesignalen

2. Durchführung einer Zweiweggleichrichtung

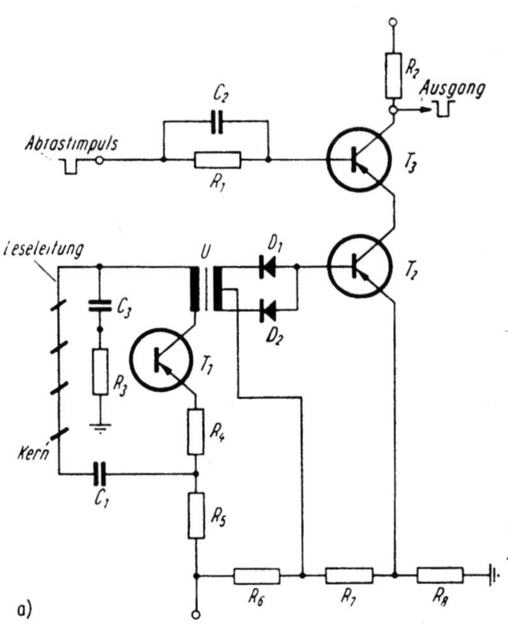

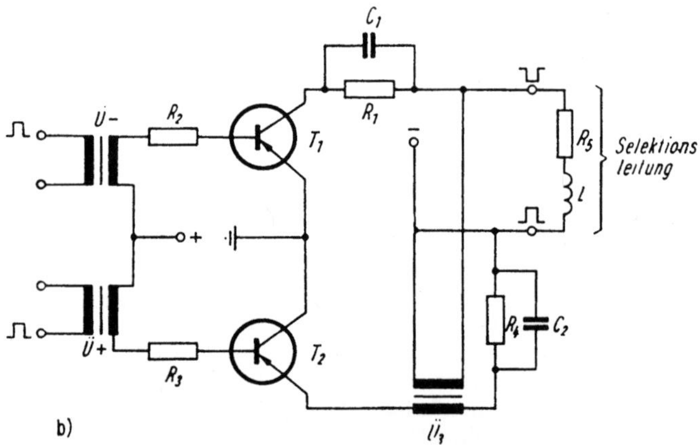

Bild 18. Verstärkerschaltungen für Ferritkernspeicher
a) Schaltung für Leseverstärker (Siemens 2002)
b) Schaltung für Verstärkung zur Steuerung der Selektionsleitungen

Bild 18a zeigt als Beispiel eine Leseschaltung. Die Verstärkung der Impulse erfolgt mit Hilfe der eingezeichneten Transistoren (T), während die Gleichrichtung durch Dioden (D) erfolgt. Aus dem Schaltbild ist zu erkennen, daß der Transistor T_1 in Basisschaltung die aus der Leseleitung kommenden Impulse verstärkt. Durch den Übertrager $Ü$ werden gegenphasige Spannungen für die Zweiweggleichrichtung durch die Dioden D_1 und D_2 geliefert. Der Transistor T_2 ist über den Emitter gegenüber der Basis um einen gewissen Betrag negativ vorgespannt. T_2 wird emitterseitig leitend, wenn ein stärkerer Spannungsstoß den Schwellwert überschreitet. Gibt man auf die Basis des Transistors T_3 einen negativen Abtastimpuls, so wird T_3 leitfähig, sobald die Flanke des Impulses diesen Transistor erreicht hat. Dadurch können die im Basisraum des Transistors T_2 angesammelten Ladungsträger abfließen, so daß ein Kollektorstrom entsteht. Dieser Strom erzeugt ein Ausgangssignal, das zum Setzen eines angeschlossenen Flipflops dient. Im Bild 18a ist oben rechts dieser Ausgang gekennzeichnet.

Zur Erzeugung der Impulse in den Selektionsleitungen werden Verstärker verwendet. Die Verstärker müssen gewährleisten, daß die erzeugten Impulse für die Selektion der Kerne eine bestimmte Anstiegszeit aufweisen und innerhalb bestimmter Toleranzen liegen. Außerdem muß der Verstärker sowohl negative als auch positive Impulse erzeugen, die zum Lesen der Information im Speicher erforderlich sind. Bild 18b zeigt als Beispiel einen Transistorverstärker, der zur Steuerung der Selektionsleitungen dienen kann. Die zwei Transistoren T_1 und T_2 sind zunächst durch eine Vorspannung gesperrt. Die Selektionsleitung, die durch den Widerstand R_5 und die Induktivität L nachgebildet ist, erhält einen Impuls, sobald über einen der links gezeichneten Übertrager ein Impuls ankommt. Gelangt z. B. ein Impuls auf den Übertrager $Ü-$, so wird die Selektionsleitung durch einen negativen Impuls (Leseimpuls) beeinflußt. Wird ein Impuls zum Übertrager $Ü+$ geleitet, dann erhält die Selektionsleitung einen positiven Impuls (Schreibimpuls), da in diesem Fall der Transistor T_2 leitend wird und über den Übertrager $Ü_3$ und den in Reihe geschalteten Widerstand R_4 der Impuls an die Selektionsleitung abgegeben werden kann.

Zur Steuerung der Selektionsleitungen wird nicht für jede Leitung ein Verstärker benötigt, da zur Auswahl meist nur eine bestimmte Leitung in Betrieb ist. Die Auswahl der gewünschten Leitung erfolgt dann durch geeignete Schaltungen.

2.2.6. Gesamtaufbau eines Magnetkernspeichers

Der Aufbau eines Magnetkernspeichers und die Anordnung der für das Schreiben und Lesen erforderlichen Einrichtungen können sehr verschieden sein. Von Einfluß sind beim Aufbau des Speichers vor allem die gewählte Art der Ansteuerung der Kerne und die Größe der Speicherebenen. Werden mehrere Ebenen zusammengesetzt, so ergibt sich ein Speicherblock, der den Mittelpunkt der Speichereinheit bildet. Bild 19 zeigt einen solchen Speicherblock und die Anordnung der Zusatzeinrichtungen. Der Speicherblock besteht im vorliegenden Fall aus 6 Speicherebenen

(Matrizen). Jede Speicherebene enthält hier ab Kerne. Dadurch ergibt sich eine gesamte Speicherkapazität für den Block von

$$C = abc \text{ bit}$$

Die Speicherorganisation kann z. B. so erfolgen, daß den übereinanderliegenden Kernen der Ebenen ein Wort zugewiesen wird. Die Wortlänge
würde in diesem Fall so groß sein, wie der Speicherblock Ebenen enthält.
Die Wortlänge beträgt demnach c bit. Wird die Leitungsführung so vorgesehen, wie es Bild 17a im Prinzip zeigt, so werden alle Bits eines Wortes
gleichzeitig geschrieben und gelesen.

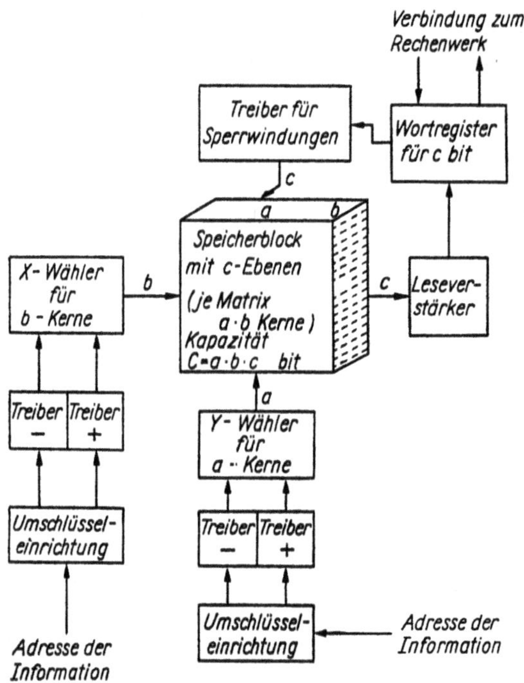

Bild 19. Beispiel für einen ausgeführten Magnetkernspeicher

Der Vorgang für das Lesen der Informationen geht aus Bild 19 hervor.
Die Adresse der Information wird zunächst einer Umschlüsseleinrichtung
zugeführt. Diese Einrichtung ist mit Treibern, die positive oder negative
Impulse erzeugen, verbunden. Über Wähler (y oder x) erfolgt die Auswahl
der Kerne. Die Leseleitungen sind mit dem Leseverstärker verbunden,
so daß die ankommenden Leseimpulse verstärkt und an das Wortregister
weitergeleitet werden können. Dieses Wortregister hat eine Kapazität von
c bit (entspricht der Kapazität eines Wortes). Dieses Register ist mit dem

Rechenwerk des Rechners verbunden. Das Wortregister steht außerdem mit den Treibern für die Sperrwindungen in Verbindung. Entsprechend der Zahl der Ebenen sind c Treiber für die Sperrwindungen in den Kernen erforderlich. Durch diese Sperrwindungen werden entgegengesetzt polarisierte Signale gesendet, die in den teilerregten Kernen die Gefahr der Ummagnetisierung herabsetzen.

Bei der im Bild 19 gezeigten Ausführung werden folgende Einrichtungen benötigt:

a Stück y-Wähler

b Stück x-Wähler

c Leseverstärker, Wortregister und Treiber für Sperrwindungen

2.2.7. Anwendung von Magnetkernspeichern

Überall dort, wo kurzzeitig in Datenerfassungs- und Datenverarbeitungsanlagen Informationen gespeichert werden müssen, setzen die Hersteller diesen Speicher ein. Damit wird der Magnetkernspeicher zu dem bedeutendsten internen Speicher überhaupt.

Aber nicht nur als interner Speicher für Datenerfassungsmaschinen und Datenverarbeitungsanlagen wird der Kernspeicher verwendet, sondern auch als Zusatzspeicher für die Speicherung großer Datenmengen. Es zeigt sich bei diesem Speicher die gleiche Tendenz wie bei Magnettrommelspeichern: zunächst Einsatz als interner Speicher mit begrenzter Kapazität und dann Vergrößerung der Speicherkapazität und Anwendung in der Informationsverarbeitung als Massenspeicher.

Der in der EDVA R 300 eingesetzte interne Magnetkernspeicher hat beispielsweise eine Speicherkapazität von 40 000 Zeichen (zu je 8 bit). Die Zugriffszeit beträgt weniger als 3 µs. Außerdem werden Ferritkernzusatzspeicher mit einer Kapazität von je 10 000 Zeichen verwendet.

Als externe Speicher wird die Kapazität der Magnetkernspeicher meist erhöht. So ist beispielsweise von IBM der Zusatzkernspeicher 2361 entwickelt worden. Dieser Zusatzkernspeicher dient als Erweiterung des Speichers für große Datenverarbeitungssysteme. Er ist so aufgebaut, daß mehrere Systeme gleichzeitig Zugriff zu einem Zusatzkernspeicher haben. Die Speicherkapazität ist unterschiedlich. Für die Modelle 1 und 2 ergibt sich beispielsweise folgende Kapazität:

Modell	Speicherkapazität in Bytes
1	1 048 576
2	2 097 152

Trotz dieser beträchtlichen Speicherkapazität ergibt sich eine relativ günstige Zykluszeit (Zeit für das Lesen der Information und Wiedereinsprechen). Sie beträgt beispielsweise im vorliegenden Fall 8 ms.

Die Speicherkapazität von Datenverarbeitungssystemen läßt sich dadurch noch erhöhen, daß mehrere solcher Zusatzkernspeicher an ein System angeschlossen werden können.

2.3.   Dünnschichtspeicher

Die Entwicklung von Speichern mit dünnen ferromagnetischen Schichten
bedeutet einen wichtigen Schritt auf dem Weg zur Schaffung von Rechnern
mit hohen Operationsgeschwindigkeiten. Wenn auch zunächst das Anwendungsgebiet solcher Speicher auf schnelle Anlagen beschränkt ist,
so muß man doch erwarten, daß mit zunehmender Beherrschung der
Technologie die Dünnschichtspeicher preisgünstiger hergestellt werden
können und diese Speicher in Zukunft auch in den meisten elektronischen
Anlagen verstärkt Verwendung finden werden.

Die Bezeichnung von Speichern, die mit dünnen magnetischen Schichten
aufgebaut werden, ist in der Literatur und in der Praxis recht unterschiedlich. So wird von Magnetschichtspeichern, magnetischen Dünnschichtspeichern, Filmspeichern usw. gesprochen, wobei stets die gleiche
Speichertechnik gemeint ist. In allen Fällen wird eine sehr dünne Schicht
magnetischen Materials zur Speicherung der Informationen benutzt.

Für die Informationsspeicherung werden die Dünnschichtspeicher in
Zukunft eine sehr große Bedeutung gewinnen. Diese zunehmende Bedeutung ergibt sich aus den zwei Hauptvorteilen der Magnetschichten:

1. Die Ummagnetisierung erfolgt sehr schnell.

2. Der Energieaufwand für die Ummagnetisierung ist im Vergleich zu
   anderen Speicherelementen klein.

2.3.1.   Magnetschicht

Die dünne magnetische Schicht hat eine Dicke von etwa 10^{-6} cm. Mit den
üblichen Fertigungsverfahren ist eine solche Folie nicht mehr herstellbar.
Das Ausgangsmaterial (z. B. Nickel-Ferrit-Legierungen mit etwa 80%
Nickel und 20% Ferrit) wird durch Verdampfen im Vakuum auf geeignete
Werkstoffe als Schichtträger aufgebracht. Die Herstellung der Magnetschicht kann neben dem Aufdampfen im Hochvakuum auch auf elek-
trolytischem oder chemischem Weg erfolgen. Bei dem Aufdampfprozeß
wirkt ein magnetisches Gleichspannungsfeld ein, um eine Vorzugsrichtung
in der Magnetschicht zu schaffen. Als Schichtträger werden Glasblättchen
oder dünne Scheiben aus Glimmer verwendet.

2.3.2.   Magnetisierung der Schicht

Durch die bewirkte Vorzugsrichtung in der Magnetschicht wird die
Voraussetzung für die Speicherung geschaffen. Es wird die Möglichkeit
der Ummagnetisierung zur Informationsspeicherung genutzt, da die
Magnetisierung innerhalb der magnetischen Vorzugsachse zwei stabile
Zustände einnehmen kann. Diese zwei stabilen Lagen dienen zur Speicherung der binären Informationen 0 und L (bzw. 1). Das Lesen und Schreiben
der gespeicherten Informationen kann in ähnlicher Weise wie bei Magnetkernspeichern durch Stromkoinzidenz erfolgen. Durch die andere Form
des Speicherelements — beim Magnetkernspeicher liegen kleine ring-
förmige Elemente vor und im vorliegendem Fall kleinste ebene Flächen —
ergibt sich ein anderer Speichervorgang. Es soll zum Verständnis des

Magnetisierungsvorgangs zunächst kurz auf die Theorie hingewiesen werden, wobei gesagt werden muß, daß heute noch nicht alle Vorgänge völlig geklärt sind.

1. Zur Theorie der Magnetisierung

Erst vor etwa einem Jahrzehnt (1955) ist es gelungen, dünne magnetische Schichten mit einer Vorzugsrichtung in der Schichtebene herzustellen. Seit dieser Zeit wird intensiv an der Weiterentwicklung dieser Schichten gearbeitet, um die physikalischen Gesetzmäßigkeiten zu klären und diese Elemente nicht nur für die Speichertechnik, sondern auch für Schaltungen einzusetzen.

Die Ummagnetisierung der Schicht kann durch ein Magnetfeld vorgenommen werden. Je nach der Stärke, Richtung und Dauer des Magnetfelds ergeben sich verschiedene Vorgänge beim Ummagnetisieren:

a) Kohärente Drehung

Die Schicht dreht sich sprunghaft von der einen Magnetisierungsrichtung in die andere. Die Umkehrzeit liegt im Bereich von Nanosekunden.

b) Wandschalten

Bestimmte Bereiche der Schicht werden verschoben. Die Umkehrzeit ist in diesem Fall größer und liegt im Mikrosekundenbereich.

c) Inkohärente Drehung

Die Schicht wird in verschiedene Bereiche aufgespalten, wobei die Ummagnetisierung teils als Wandschalten, teils als kohärente Drehung abläuft. Die Umkehrzeit beträgt hundertstel Mikrosekunden.

Da die zuerst genannte Form der Ummagnetisierung für Speicherungszwecke günstig ist, wird sie bei der Informationsspeicherung mit Hilfe entsprechender dünner Schichten angestrebt.

2. Kennlinie der Magnetisierung

Die Verhältnisse bei der Magnetisierung sind durch die kritische Feldstärkekurve gekennzeichnet. Bild 20 zeigt diese theoretische Kurve; sie stellt eine Astroide dar, die der Gleichung

$$H_x{}^{2/3} + H_y{}^{2/3} = H_K{}^{2/3}$$

genügt, wobei H_x der Feldstärke H in x-Richtung und H_y in y-Richtung entspricht. Es ergeben sich theoretisch im wesentlichen zwei Feldstärkebereiche, die durch die Astroide voneinander getrennt sind:

a) Bereich innerhalb der Kurve

In diesem Bereich erfolgt keine Ummagnetisierung.

b) Bereich außerhalb der Kurve

Die Schicht magnetisiert geschlossen um; es ist der Bereich der kohärenten Drehung. Im Bild 20 oben ist dieser Feldstärkebereich mit I gekennzeichnet.

Die Magnetisierungsrichtung läßt sich mit Hilfe der Astroide ermitteln. Wirkt kein äußeres Feld auf die Schicht ein, dann liegt die Magnetisierung in der sog. Vorzugsachse und weist entweder nach links (M_1 im Bild 20) oder nach rechts (M_1'). Bei der Einwirkung eines Feldes ergibt sich eine

bestimmte Magnetisierungsrichtung, die durch das Zeichnen der Tangenten
von dem Endpunkt des Feldvektors an die Kurven ermittelt werden
kann. Für zwei Beispiele innerhalb der Astroide ist das erfolgt (Punkte
2 und *3*). Es ergeben sich jeweils zwei Magnetisierungsrichtungen innerhalb
der Kurve, während außerhalb der Kurve nur eine Magnetisierungsrichtung möglich ist, wie für den Endpunkt *4* des Feldvektors gezeigt ist
(M_4').

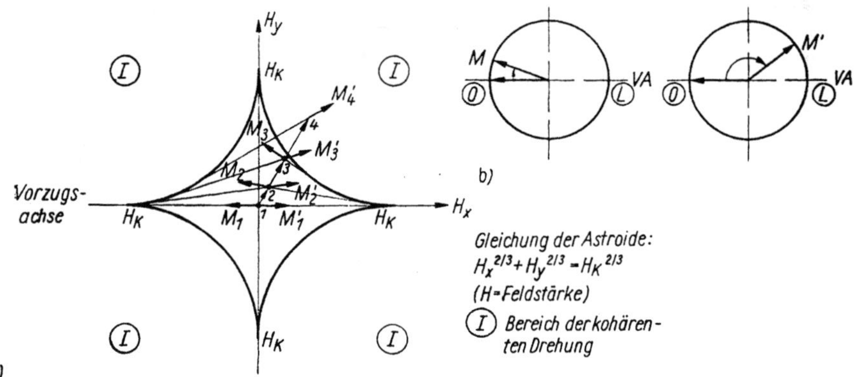

*Bild 20. Theoretische kritische Kurve für die Ummagnetisierung (a) und die
Magnetisierungsrichtung (b) beim Speichern in magnetischer Dünnschicht*
M Magnetisierungsvektor; *VA* Vorzugsachse

3. Magnetisierungsrichtungen beim Speichern

Da die dünne magnetische Schicht zwei stabile Lagen einnehmen kann,
wenn sie zuvor in eine Vorzugsrichtung gebracht worden ist, ist die Verwendung als Speicherelement möglich. Es kann in einem Schichtelement
eine binäre Information (1 bit) gespeichert werden. Das Schreiben und
Lesen der Informationen erfolgt durch Selektion, wie es in ähnlicher
Form bei den Speicherebenen der Ferritkernspeicher durchgeführt wird.
Äußerlich betrachtet ergibt sich gegenüber den Ferritkernspeichern jedoch
ein wesentlicher Unterschied. Während bei den Kernspeichern kleine
Ferritringe zum Einsatz kommen, durch die die Leitungen geführt sind,
liegt bei den Dünnschichtspeichern ein ebenes Speicherelement vor. Der
magnetische Fluß zur Beeinflussung der Speicherschicht wird durch bandförmige Leiter erzeugt. Der Magnetfluß ist als Vektor anzusehen, der über
den Winkel von 360° gedreht werden kann. Das Bild 20 zeigt diesen
Vorgang im Prinzip. Die Magnetisierung hat beispielsweise zunächst die
links gezeichnete Richtung. Der Vektor weist in Richtung von 0. Die
Schicht kann durch die Bandleiter so beeinflußt werden, daß der Vektor
sich in die andere Richtung dreht, wie es im rechten Teil des Bildes gezeigt
wird. Der Vektor zeigt nun in die andere Richtung, wobei man dieser
Richtung die Binärziffer L zuordnen kann.

2.8.8.   Aufbau von Dünnschichtspeichern

Da sich die Schicht als Speicherelement für 1 bit eignet, liegt es nahe,
durch matrixförmige Anordnung von Schichtelementen Speicherebenen
aufzubauen. Diese Speicherebenen können verschieden ausgeführt werden,
jedoch wird die Anordnung der Leitungen in der Regel gleich sein, da die
Selektion durch bandförmige Leiter vorgenommen wird.

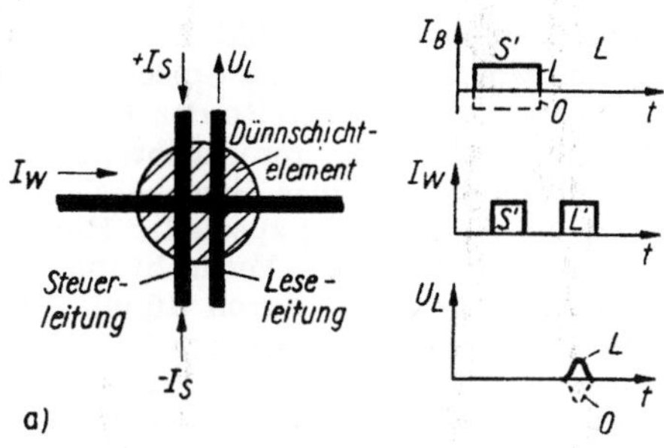

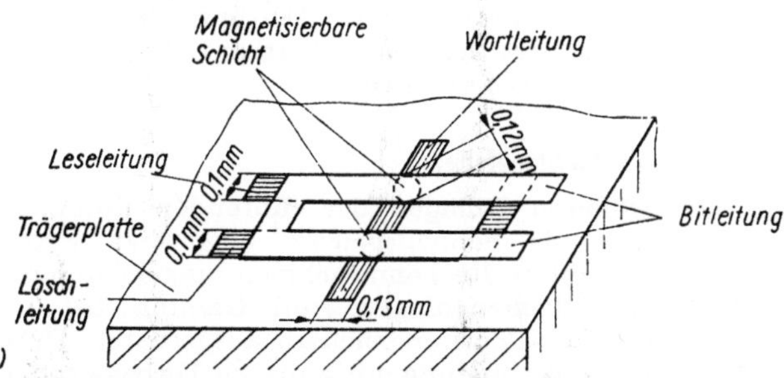

Bild 21. Anordnung der Leitungen beim Dünnschichtspeicher
a) Anordnung der Leitungen und Impulsverlauf
U_L Lesespannung; I_W Wortstrom; I_B Bitstrom; S' Schreiben; L' Lesen
b) Anordnung der Leitungen in einem wortorganisierten Speicher (Teilschnitt)

Das Bild 21a zeigt links ein kreisförmiges Dünnschichtelement mit der
Anordnung der Leitungen. Die Mehrzahl der Dünnschichtspeicher wird
derzeit als *wortorganisierte Speicher* aufgebaut. Die Speicherebene wird
so ausgeführt, daß nebeneinanderliegende Schichtelemente ein Wort
darstellen. Dadurch kann der Lesevorgang schneller ausgeführt werden.
Im Gegensatz dazu wird beim *bitorganisierten Speicher* die Anordnung
so gewählt, daß in jeder Speicherebene gleichzeitig 1 bit gespeichert oder
gelesen wird. Es werden in dem Fall viele Ebenen übereinander angeordnet
(diese Ausführung wird vor allem bei Ferritkernspeichern gewählt).

Wie aus Bild 21a zu erkennen ist, wird die Steuerleitung parallel zur Leseleitung angeordnet. Rechts im Bild 21a ist der Impulsverlauf für das Schreiben und Lesen angegeben. Über die Steuerleitung (Bitleitung) wird der Bitstrom I_B für das Schreiben der binären Information (0 oder L) geleitet. Der Impulsverlauf über die Wortleitung (Wortstrom l_W) ist für das Schreiben S' und Lesen L' angegeben. Über die Leseleitung wird die Information gelesen. Der Verlauf des Leseimpulses (U_L) für L und 0 ist mit anzugeben.

Einen Ausschnitt aus einer Speicherebene zeigt Bild 21b. Es sind die Anordnung der Leitungen in einem wortorganisierten Speicher im Prinzip dargestellt. Aus den kleinen Abmessungen (die Breite des Leitungsbands für die Leseleitung und Löschleitung beträgt 0,1 mm, während die Wortleitung 0,13 mm breit ist; der Durchmesser eines Speicherelements der Schicht weist 0,12 mm auf) folgt die Anwendung spezieller Herstellungsverfahren. Die matrizenartige Anordnung der Verdrahtung wird im Hochvakuum aufgedampft. Die Leitungen sind durch dünne Isolationsschichten voneinander getrennt. Für die magnetisierbare Schicht werden Eisen-Nickel-Legierungen verwendet, während die Leitungen aus Aluminium bestehen. Aus Bild 21b ist auch die Anordnung der Leitungen ersichtlich. Die magnetisierbare Schicht liegt jeweils im Kreuzungspunkt der Wort- und Löschleitung. Dadurch wird eine weitgehende Verstärkung der Signale erreicht. Da die Leitungen in der Schicht ein möglichst homogenes Feld erzeugen müssen, sind sie so ausgeführt, daß sie das Speicherelement überdecken. Das Schreiben erfolgt durch die gezeichnete Wort- und Bitleitung, während das Lesen durch die Wortleitung erfolgt, wobei über die Leseleitung je nach der Art der gespeicherten Information ein negativer (0) oder positiver Impuls (L) verläuft.

2.3.4. Anwendung von Dünnschichtspeichern

Nachdem bereits in den größeren Anlagen der führenden Computerhersteller Dünnschichtspeicher als Schnellspeicher eingesetzt werden (s. Anlage), sind in letzter Zeit weitere Rechenmaschinen hinzugekommen. So wurden beispielsweise die Rechenanlagen Bull Gamma 141 und Burroughs B 3500 mit Dünnschicht-Registerspeichern ausgerüstet. Durch die Anwendung dieser Speicher in Verbindung mit weiteren Verbesserungen im Schaltungsaufbau der Rechner konnte die Arbeitsgeschwindigkeit beträchtlich erhöht werden. Die Operationsgeschwindigkeit veränderte sich dadurch vom Mikrosekunden- zum Nanosekundenbereich.

In der Großrechenanlage UNIVAC 1108 wird ein Dünnschichtspeicher als Steuerspeicher, der dem Arbeitsspeicher vorgeschaltet ist, verwendet. Es handelt sich hier um einen Speicher mit integrierten Schaltkreisen. Die Zykluszeit des Speichers beträgt 125 ns. Der Steuerspeicher besteht aus 16 gleichberechtigten arithmetischen Registern, 15 Indexregistern und 4 Spezialregistern. Außerdem steht eine Kapazität von 93 Wörtern zur Steuerung der Ein- und Ausgabe und zur schnellen Zwischenspeicherung von Daten zur Verfügung (die Wortlänge beträgt 36 bit).

Die hohe Arbeitsgeschwindigkeit des Dünnschichtspeichers wird erst voll wirksam, wenn auch für die Schaltkreise des Speichers neue Wege gegangen werden. Neben der Anwendung von integrierten Schaltkreisen

werden sehr kurze Verbindungswege angestrebt, denn die Impulswege
lassen sich nicht mehr vernachlässigen. (Der Impuls legt in 1 ns nur eine
Weglänge von 30 cm zurück.) Die Schaltkreise werden deshalb sehr
kompakt angeordnet und die kurzen Verbindungswege durch sehr dünne
aufgedampfte und geätzte Aluminiumschichten hergestellt.

2.4. Weitere Speicherelemente

In den folgenden Abschnitten werden einige Weiterentwicklungen von
Ferritkernspeichern betrachtet. Bei diesen Speicherkernen handelt es
sich um Neuentwicklungen, vor allem mit dem Ziel, die Nachteile von
Ferritringkernen zu vermeiden. Diese Entwicklungen haben vor allem
zwei Aufgaben zu erfüllen:

1. Schaffung von Speicherelementen, bei denen ein zerstörungsfreies
   Lesen der Information gewährleistet wird

2. Verkürzung der Zugriffszeit, indem eine kurze Schaltzeit t_s erzielt
   wird

Die beschriebenen Speicherelemente befinden sich z. T. noch im Versuchs-
stadium, wobei die oft komplizierte Form technologische Nachteile
bedingt, was zu höheren Kosten führt. Aus diesem Grund werden auch
in nächster Zeit Neuentwicklungen zu erwarten sein.

2.4.1. Fluxor als Speicherelement

Bild 22 zeigt ein Ferritplättchen, das zur Informationsspeicherung verwendet wird. Dieses Element wird als Fluxor, Mehrpfadspeicherkern oder
Speicherkern mit Gleichstromvormagnetisierung bezeichnet. Der Fluxor-
speicherkern hat den Vorteil, daß er die Aufgabe der Selektion und
Speicherung in sich vereinigt. Die Größe des Elements ist im Bild 22a
angegeben. Durch die Anordnung der drei Durchbrüche ergeben sich für
die Magnetisierung vier Bereiche. Im Bild 22b sind diese Bereiche mit
I, II, III und *IV* gekennzeichnet. Gleichzeitig wird die Anordnung
der Wicklungen angegeben. Die Wicklung für den Vormagnetisierungs-
strom I_v befindet sich ganz links. Sie beeinflußt die Bereiche *I* und *II*.
Die Leitungen für die Selektion (I_x und I_y) führen durch den mittleren
Durchbruch und beeinflussen die Bereiche *II* und *III*. Die Lesewicklung
ist so angeordnet, daß sie den rechten Bereich beeinflußt.

1. Speichervorgang bei Fluxoren

Aus der im Bild 22f gezeichneten idealisierten Hysteresis für den Speicherkern ist die Wirkungsweise beim Speichern ersichtlich. Zunächst wird
durch die Gleichstromwicklung ein Impuls für die Vormagnetisierung
I_v erzeugt. Dieser Impuls bewirkt, daß der Kern die eine stabile Lage
einnimmt. Durch die Selektionsimpulse I_x und I_y erfolgt die Auswahl
und Beeinflussung, so daß die andere stabile Lage erreicht wird.

Diese Wirkungsweise läßt sich anhand der Skizze 22b erläutern. Es sind
die Richtungen der Impulse und die Flußlinienrichtungen in den einzelnen
Bereichen beim Speichern der Binärziffer L angegeben. Der Vorstrom I_v

magnetisiert die Bereiche zunächst so, daß der Fluß in dem Bereich I nach unten und in II nach oben gerichtet ist. Die Selektionsströme I_x und I_y werden nun so bemessen, daß ein Teilstrom nicht die Wirkung des Vorstroms I_v überwinden kann. Auch die Bereiche III und IV des Kerns

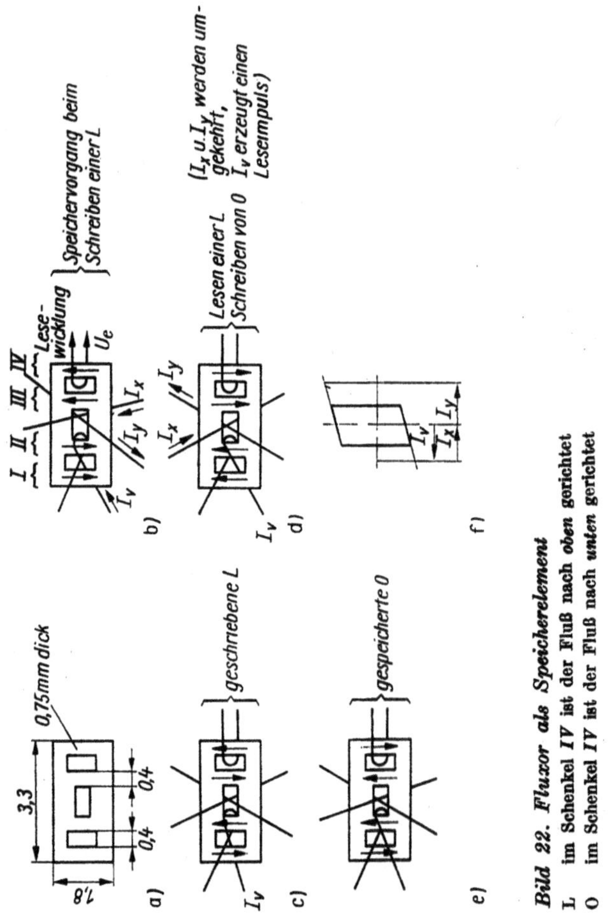

Bild 22. Fluxor als Speicherelement
L im Schenkel IV ist der Fluß nach oben gerichtet
0 im Schenkel IV ist der Fluß nach unten gerichtet

können nicht in der Flußrichtung verändert werden. (Zu berücksichtigen ist, daß die Flußlinien stets geschlossen sein müssen.) Wirken jedoch die Teilströme I_x und I_y gemeinsam, so wird der Fluß I und II nach unten und in III und IV nach oben gerichtet, da die Summe dieser Ströme die Vormagnetisierung überdeckt. Nach der Wirkung der Teilströme I_x und I_y wird ein Impuls über die Leitung der Vorstromwicklung geschickt, der den Fluß im Bereich II umkehrt. Nun wird sich auch der Fluß im Bereich III umkehren, da Flußlinien immer geschlossen sein müssen und der Weg über den Bereich *III* kürzer ist als über den Bereich *IV*. In dem letzten Bereich (*IV*) bleibt also die Richtung des Flusses erhalten. In dem Kern ist jetzt die binäre Information L gespeichert. Diesen Zustand des Speicherkerns veranschaulicht Bild 22c.

2. *Lesevorgang bei Fluxoren*

Im Bild 22d und e ist der Vorgang beim Lesen dargestellt. Beim Lesen der Binärziffer L werden die Selektionsströme umgekehrt (Bild 22d). Dadurch wird der Fluß in den Bereichen *I* und *II* nach oben und in *III* und *IV* nach unten gerichtet. Durch die Flußänderung in dem Bereich *IV* wird in der Leseleitung eine Spannung induziert. Dieser Impuls entspricht der Binärziffer L. Zu beachten ist, daß beim Lesen der Binärziffer 0 in dem Bereich *IV* keine Flußänderung erfolgt, so daß kein Impuls über die Leseleitung gehen würde.

Unter der Wirkung des Vorstroms I_V wird der Flußverlauf im Bereich *I* wieder umgekehrt, nachdem die Teilströme I_x und I_y gewirkt hatten. Dadurch wird auch die Flußrichtung in *IV* umgekehrt; im Kern ist nun die Information 0 gespeichert, wie Bild 22e zeigt.

Als *Vorteil* der Fluxoren ergibt sich eine sehr kurze Schaltzeit von nur 0,1 µs, da die Selektionsströme, die das schnelle Umschalten des Kerns ermöglichen, relativ groß gewählt werden können. Dadurch sollen sich Speicher mit einer Zykluszeit von 0,5 µs aufbauen lassen [8].

2.4.2. Transfluxorspeicher

Bei den Transfluxoren handelt es sich um Ferritkerne mit mehreren Öffnungen. Die Zahl und die Form der Öffnungen ist verschieden. So werden Transfluxoren mit zwei bis sechs Bohrungen benutzt. Bild 23a zeigt als Beispiel verschiedene Formen von Transfluxoren. Im Bild ist links zunächst ein Transfluxor mit zwei Bohrungen zu sehen, die verschiedene Durchmesser aufweisen. Gleichzeitig sind die Abmessungen mit angegeben (Durchmesser 9 mm, Dicke 3,5 mm). Die Zusammensetzung des Kerns wird so vorgenommen, daß er aus 40% F_2O_3, 30% MgO und 30% MnO besteht.

In der Mitte des Bildes 23a ist ein Transfluxor mit vier und rechts mit fünf Bohrungen zu sehen. Durch diese Bohrungen lassen sich mehrere Wicklungen, die zur Änderung des Magnetflusses in den einzelnen Teilen verwendet werden, anbringen. Dadurch lassen sich die Transfluxoren nicht nur als Speicherkerne verwenden, sondern sie können auch zum Aufbau von Steuerschaltungen verwendet werden (z. B. Torschaltung, Auswahlschaltung, logische Schaltung).

1. *Wirkungsweise des einfachen Transfluxors*

Der einfache Transfluxor mit zwei Bohrungen, der vorwiegend zur Informationsspeicherung Verwendung findet, hat drei Wicklungen, wie sie im Bild 23b links zu sehen ist. Diese Wicklungen sind als Steuerwicklung, Eingangswicklung und Ausgangswicklung gekennzeichnet. Für den Magnetfluß ergeben sich dadurch drei verschiedene Wege. Dazu wird der Kern so ausgeführt, daß der Querschnitt für die Flußrichtung Φ_1 und Φ_2 gleich der Summe für den Fluß Φ_3 und Φ_4 und der Querschnitt für den Fluß Φ_3 gleich dem des Flusses Φ_4 ist.

Außerdem gilt für die Flußverteilung:

$$\Phi_1 = \Phi_2 = \Phi_3 = \Phi_4$$

Durch die Anordnung der Wicklungen, wie sie im Bild 23 gezeichnet sind, lassen sich die Flußrichtungen so beeinflussen, daß beim Lesen der gespeicherten Information keine Löschung erfolgt.

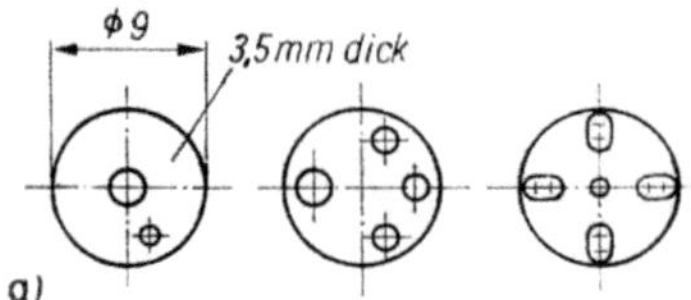

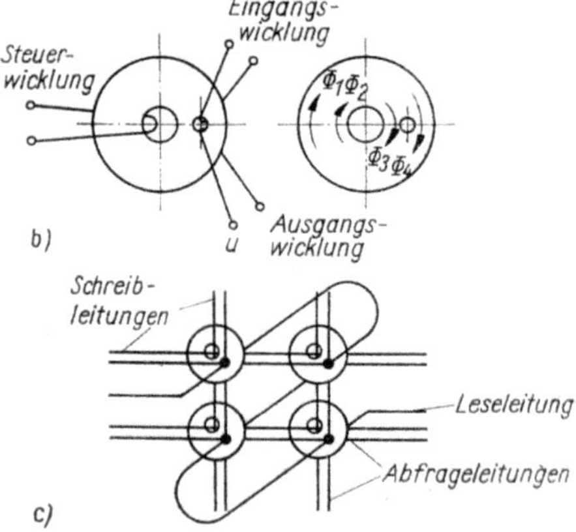

Bild 23

Transfluxor als Speicherelement
a) verschiedene Formen von Transfluxoren
b) Anordnung der Wicklungen und Flußverlauf Φ
c) Transfluxormatrizenspeicher

Beim Transfluxor sind zwei charakteristische Zustände möglich, die für den Speicher- und Lesevorgang von Interesse sind. Diese zwei Zustände werden als „Blockieren" und „Setzen" bezeichnet. Dabei entspricht das *Blockieren* dem Zustand der gespeicherten Binärziffer 0, während das *Setzen* dem Zustand der gespeicherten Ziffer L entspricht.
Das Überführen des Transfluxors in die beiden Zustände erfolgt durch Impulse über die Steuerwicklung. Diese Wicklung ist im Bild 23 b links eingezeichnet. Der eine oder andere Zustand des Transfluxors wird erreicht durch Ströme von bestimmter Polarität und Größe. Wird ein Blockierimpuls über die Steuerwicklung geschickt, so erfolgt die Durchflutung des Kerns in der Form, wie es im Bild 23 angegeben ist. Der Fluß Φ_1 und Φ_2 im ersten Steg verläuft nach oben, während er im zweiten und dritten Steg nach unten verläuft, da die Kraftlinien stets geschlossen sein müssen. Wird der Kern nun über die Eingangswicklung durch einen kleinen Impuls abgefragt, so ändert sich die Flußrichtung im rechten Steg nicht. Über die Ausgangswicklung würde kein Signal abgegeben.

Das Setzen des Kerns erfolgt durch einen Setzimpuls, der die entgegen-
gesetzte Richtung des Blockierimpulses aufweist. Durch den Setzimpuls
wird der innere Flußverlauf umgekehrt (Φ_2 und Φ_3).
Da der Transfluxor eine rechteckige Hystereseschleife wie der Ferritkern
aufweist, kann auch die Betriebsweise wie bei diesem Kern erfolgen. Die
Ströme zum Setzen und Blockieren werden jeweils so groß gewählt, daß
nur die Summe zweier Halbströme den Transfluxor in seinem Zustand
verändert. Es lassen sich dadurch Matrizenspeicher aufbauen.

2. Wirkungsweise des Transfluxormatrizenspeichers

Da die Änderung des Zustands eines Transfluxors durch zwei Halbimpulse möglich ist, lassen sich Matrixebenen aufbauen. Den Aufbau
eines einfachen Matrixspeichers mit nur vier Speicherkernen zeigt Bild
23c. Die Steuerwicklungen verlaufen durch die größeren Bohrungen der
Kerne, während die Eingangswicklungen durch die kleine Bohrung geführt werden. Die Leseleitung verläuft wie beim Ringkernspeicher diagonal
durch die einzelnen Transfluxoren. Die Steuerleitungen dienen in der
Matrix zum Schreiben der Information, während die Eingangswicklungen
zum Abfragen verwendet werden.
Zum Erläutern der Wirkungsweise ist es günstig, vom blockierten Zustand aller Speicherkerne auszugehen, d. h., alle Transfluxoren werden
durch Blockierimpulse so beeinflußt, daß in jedem Kern die Binärziffer 0
gespeichert ist. Soll in einem Kern die Information L eingeschrieben
werden, dann werden die zu diesem Kern gehörenden Schreibleitungen
jeweils mit einem Halbimpuls beauflagt. Im Kreuzungspunkt der Leitungen, wo der Transfluxor liegt, addieren sich die Halbimpulse und der
Kern wird in den Zustand gesetzt, der für die Ziffer L zutrifft. Zum Lesen
der Information werden über jede Abfrageleitung zwei Halbimpulse geleitet, die von entgegengesetzter Polarität sind. Ist in dem Kern die
Ziffer L gespeichert, dann ergeben sich in der Leseleitung zwei Spannungsimpulse. Enthält der Transfluxor jedoch die Ziffer O, so werden in
der Leseleitung keine Spannungsimpulse erzeugt. Ergänzend ist noch darauf
hinzuweisen, daß die zweiten Halbimpulse jeweils in den letzten beiden
Stegen die vorhergehende Flußrichtung (Φ_3 und Φ_4) wiederherstellen.

Neben den Vorteilen des Transfluxors, wie kürzere Zugriffszeiten und
zerstörungsfreies Lesen der Information, ergeben sich auch einige *Nachteile*, die vor allem auf fertigungstechnischem Gebiet liegen. Durch die
etwas kompliziertere Form des Kerns im Vergleich zum Ferritringkern
ergeben sich für die Herstellung höhere Kosten. Auch der Aufwand für
die Verdrahtung ist von Einfluß.

2.4.3. Zylindrische magnetische Schicht als Speicher

Neben den dünnen Magnetschichten, die eben angeordnet werden, sind
auch zylindrische Magnetschichten für Informationsspeicher entwickelt
worden. Diese Magnetschichten werden auf volle, runde Glasstäbchen
oder auf Glasröhrchen aufgebracht. Der Durchmesser dieser Schichtträger
wird sehr klein gehalten. So werden beispielsweise Glasröhrchen verwendet, die einen äußeren Durchmesser von nur 0,4 mm aufweisen. Den
Aufbau einer zylindrischen Magnetschicht für Speicherzwecke zeigt das
Bild 24a. Dieses Speicherelement wird als *magnetischer Stab* bezeichnet.

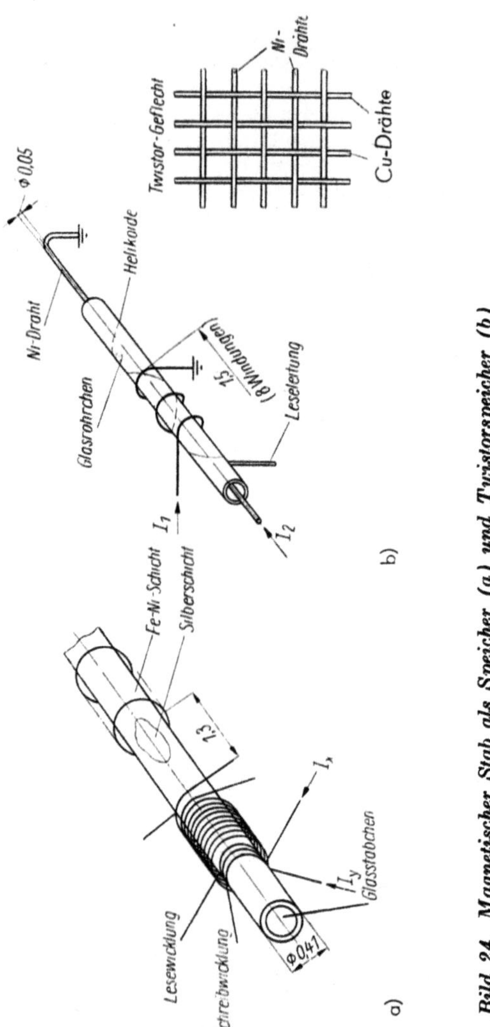

Bild 24. Magnetischer Stab als Speicher (a) und Twistorspeicher (b)

Auf dem Glasstäbchen von 0,4 mm Durchmesser ist eine Silberschicht elektrochemisch aufgebracht. Auf dieser Trägerschicht ist eine 0,3 μm dicke Eisen-Nickel-Schicht galvanisch aufgetragen, die aus 98% Fe und 2% Ni besteht. Diese Schicht ist die eigentliche Speicherschicht.
Der magnetische Stab enthält zur Informationsspeicherung eine Lese- und Schreibwicklung sowie die Wicklungen für die Steuerimpulse I_x und I_y. Insgesamt werden vier Spulen zu je zehn Windungen verwendet. Wie im Bild 24a angegeben ist, beträgt die Breite der Wicklungen jeweils 1,3 mm. Es werden auf einem Stäbchen mehrere dieser Wicklungen im Abstand von wiederum 1,3 mm angeordnet. Diese Anordnung führt

zu einer hohen Betriebssicherheit auch bei größeren Temperaturschwankungen. Durch das günstige Längen-Dicken-Verhältnis dieses Speicherelements soll sich ein niedriger Entmagnetisierungsfaktor erreichen lassen, da eine extrem rechteckige Hysteresekurve vorliegt. Weitere Vorteile des magnetischen Stabes sind folgende:

einfache Herstellung

kurze Schaltzeit

große Lesespannung

Als Nachteil ist beim magnetischen Stab das zerstörende Lesen der Information zu nennen. Auch die hohe Zahl von Verbindungen dürfte die erzielbare Speicherdichte beschränken.

Außer dem magnetischen Stab werden aber noch andere Speicherelemente mit zylindrischen Magnetschichten verwendet. Als Beispiele können die sog. *Bitdrähte* und *Bitröhren* erwähnt werden. Diese Speicherelemente unterscheiden sich vom magnetischen Stab im wesentlichen nur durch die andere Anordnung der Wicklungen. So sind beispielsweise bei der Bitröhre die Drähte zum Lesen im Innern des Röhrchens angeordnet.

1. Twistorspeicher

Beim Twistor handelt es sich um einen dünnen Draht, der aus magnetostriktivem Werkstoff besteht. Bild 24b zeigt den Aufbau dieses Speicherelements. Wie aus diesem Bild zu ersehen ist, befindet sich über einem Nickeldraht von 0,5 mm Durchmesser eine Glasröhre. Außen ist diese Glasröhre mit einer aus acht Windungen bestehenden Wicklung versehen. Die Breite der Wicklung beträgt 1,5 mm.

Die Wirkungsweise des Twistorspeichers entspricht im Grundprinzip dem Ferritkernspeicher. Die magnetische Vorzugsrichtung wird jedoch im vorliegenden Fall durch mechanische Bearbeitung erzielt. Der Schreib- und Lesevorgang wird mit Hilfe der axialen und radialen Feldkomponenten durchgeführt, wobei die Impulse I_1 und I_2 in der angegebenen Form wirken (Bild 24b). Für das Schreiben ist die Addition der Teilimpulse erforderlich:

$$I_1 + I_2 \qquad I_1 > I_2$$

Zum Lesen wird nur ein negativer Impuls $(-I_1)$ über die Leitung geschickt.

Zum Aufbau von Twistormatrizen können Drahtgeflechte verwendet werden, wie es Bild 24b rechts zeigt. Dieses Drahtgeflecht kann aus Kupfer- und Nickeldraht hergestellt werden, wobei die senkrecht angeordneten Kupferdrähte das axiale und die waagerechten Nickeldrähte das radiale Feld erzeugen.

Neben diesem einfachen Twistor sind weitere Typen entwickelt worden, die als plattierter Twistor und Wickeltwistor bezeichnet werden.

2. Tensor als Speicher

Bild 25a zeigt im Prinzip den Aufbau eines Tensors. Die Herstellung erfolgt aus magnetostriktivem Material (Permalloyband). Wie aus diesem Bild zu erkennen ist, sind die Abmessungen des Bandes sehr klein (0,05 mm × 0,25 mm). Die Breite der Wicklungen beträgt 6 mm.

Die Magnetfelder für den Speichervorgang werden mit Hilfe von zwei Wicklungen erzeugt, die im Abstand von 25 mm auf dem Permalloyband angeordnet sind. Das Schreiben erfolgt durch die Teilimpulse I_1 und I_2, während zum Lesen ein Impuls I_3 in der eingezeichneten Richtung in das Speicherelement geleitet wird. Als Bedingung für das Schreiben der Information gilt:

$$I_1 + I_2 \qquad I_1 > I_2$$

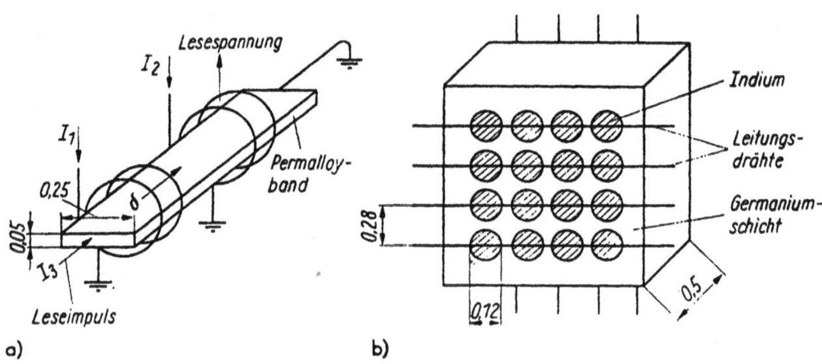

Bild 25. Tensor (a) und bistabiler Cryosar (b)

3. Tiefsttemperaturspeicher

Bei den Tiefsttemperaturspeichern wird der Effekt der „Supraleitung" ausgenutzt: Im Bereich einer bestimmten Temperatur verschwindet der ohmsche Widerstand bei verschiedenen Metallen und Legierungen. Dieser Temperaturbereich liegt zwischen 0 und 17 °K (Kelvin; 0 °C = 273,16 °K). Wird z. B. in einem Metallring ein Strom induziert, so fließt er beliebig lange im Metallring, da kein Widerstand vorhanden ist. Diese Tatsache wird zur Informationsspeicherung ausgenutzt, indem der einen Stromrichtung die Binärziffer L und der anderen Richtung die Ziffer O zugeordnet wird. Das so entwickelte Speicherelement wird als *Cryotron* bezeichnet. Die Steuerung des Speichers erfolgt durch ein Magnetfeld. Die Umschaltzeit des Elements beträgt einige Mikrosekunden. Sie ergibt sich aus dem Verhältnis der Induktivität L (z. B. $2,5 \cdot 10^{-8}$ H) und dem ohmschen Widerstand R (z. B. 0,01 Ω):

$$t_\mathrm{s} = L/R = 2,5 \cdot 10^{-6} \text{ s}$$

Die Zahl der in der Vergangenheit entwickelten Tiefsttemperaturspeicherelemente ist groß. Zwei bekannte Ausführungen sind:

a) Bistabiler Cryosar

Der Aufbau dieses Speicherelements ist im Bild 25b dargestellt. Die Abmessungen des Elements sind in dem Bild mit angegeben. Auf einem Trägerplättchen ist eine 0,1 mm dicke kompensierte p-Germanium-Schicht

46

aufgebracht. Matrixförmig werden auf der Germaniumschicht Indium-
speicherflecken angeordnet. Die Steuerung des Speichers erfolgt durch
Magnetfelder, die über die eingesetzten Leitungsdrähte erzeugt werden.

b) Planarcryotron

Der Aufbau des Planarcryotrons unterscheidet sich vom bistabilen
Cryosar lediglich durch den anderen Leitungsaufbau zur Erzeugung des
Magnetfelds für den Schreib- und Lesevorgang. Die Schaltzeit ist jedoch
kürzer ($t_s = 10^{-10}$ s).

4. Thermoplastischer Speicher

Bei der thermoplastischen Informationsspeicherung werden durchsichtige
Acetylzellulosestreifen verwendet, die eine dünne leitfähige Schicht enthalten. Auf dieser Schicht wird ein dünner Film schmelzbaren thermoplastischen Materials aufgetragen. Die Breite des Films beträgt dabei
16 mm, wobei die eigentliche Speicherschicht nur 5 mm breit ist. Im
Vakuum wird dieser Film an einem Schreibkopf vorbeigeführt. Dabei
wird die Schicht durch einen gebündelten Elektronenstrahl elektrostatisch
aufgeladen. Danach wird die Stelle durch Hochfrequenzinduktion erhitzt,
so daß ein Verformen der Schicht auftritt. Durch anschließendes Ab-
kühlen wird das so gebildete „Runzelmuster" fest, und es entsteht die
Informationsspur. Dieser Schreibvorgang geht relativ langsam vor sich
und dauert etwa 10 ms. Zum Löschen der Spur wird der Film wieder
erhitzt, so daß sich durch die Oberflächenspannung die Schicht wieder
glätten kann. Anschließend ist ein erneutes Speichern möglich.

5. Magnetdrahtspeicher

Während ein Teil der zuletzt erläuterten Speichertypen sich noch im
Entwicklungsstadium befindet, hat der magnetische Drahtspeicher
inzwischen Anwendung in den UNIVAC-Datenverarbeitungsanlagen
Serie 9000 gefunden. Die Anwendung der Magnetdrahtspeicher stellt
einen bedeutenden Fortschritt auf dem Gebiet der Speichertechnik dar.
Hier die wichtigsten Vorteile dieses Speichers:

Erhöhung der Geschwindigkeit und Sicherheit, da zerstörungsfreies
Lesen erfolgt

einfacher konstruktiver Aufbau

einfache Lese- und Schreiboperationen

kleine Schaltströme

niedrige Kosten durch automatische Fertigung

Zum Aufbau des Speichers werden magnetische Drähte verwendet, die
ähnlich aufgebaut sind, wie sie im Bild 24a gezeigt werden. Nur wird beispielsweise beim UNIVAC-Drahtspeicher nicht ein Glassubstrat als Schichtträger verwendet, sondern ein dünner Draht von nur 0,126 mm Durchmesser. Auf diesem dünnen Draht ist die Speicherschicht aufgedampft.
Dadurch ergeben sich die gleichen Vorteile wie bei den Dünnschichtspeichern: hohe Speicherdichte, geringes Volumen, hohe Geschwindigkeit
und geringer Strombedarf. Der wichtigste Vorteil ist jedoch, daß die Re-
generation der gespeicherten Informationen nach den Leseoperationen

entfällt, da dieser Speicher im Gegensatz zu den Ferritkernspeichern nach der „Non-destructive-reddout"-Methode arbeitet („nicht zerstörendes Lesen").

Zum Aufbau und zur Wirkungsweise des UNIVAC-Magnetdrahtspeichers ist folgendes zu sagen: Grundsätzlich arbeitet dieser Speicher wie alle Matrixspeicher. Es werden zwei Teilimpulse erzeugt, die im Kreuzungspunkt zwei Magnetfelder erzeugen.

Durch die zwei gegensätzlichen Richtungen des Magnetfelds können die Informationen O und L geschrieben werden. Je nach der Richtung des Schreibstroms wird eine oder zwei Magnetisierungsrichtungen erzeugt. Zeigt beispielsweise die Magnetisierungsrichtung nach links, so ist ein O-Bit gespeichert, während in der anderen Richtung ein L-Bit gespeichert ist. Der Speicherplatz für die Information wird durch den sog. Positionsstrom auf dem Magnetdraht bestimmt. Der Lesevorgang wird durch einen Impuls über die Leseleitung eingeleitet. Durch diesen Impuls wird eine Magnetisierungsrichtung erzeugt, die zwischen der Haupt- und Nebenachse liegt. Diese Magnetisierungsrichtung bewirkt im Magnetdraht eine Spannungsänderung, die als Leseimpuls am Drahtende abgenommen werden kann. Nachdem der Lesevorgang beendet ist, nimmt die Magnetisierungsrichtung die vorherige Lage wieder ein, d. h., die eingespeicherte Information bleibt erhalten.

2.5.   Vor- und Nachteile

In den folgenden Ausführungen sollen einige grundsätzliche Vor- und Nachteile der heute vorwiegend verwendeten internen Speicher genannt werden. Vor allem die Nachteile lassen Schlußfolgerungen zu, in welcher Richtung die Weiterentwicklungen solcher Speicher verlaufen müssen, um den Anforderungen noch besser gerecht zu werden.

1. Trommelspeicher

Dieser Speicher hat in jahrzehntelanger Entwicklung eine beträchtliche konstruktiv-technologische Reife erreicht, die zu großer Funktionssicherheit geführt hat. Die Speicherkapazität ist beträchtlich erhöht worden, so daß heute interne und externe Speichereinheiten mit z. T. sehr großer Speicherkapazität zur Verfügung stehen. Aus diesen Vorteilen resultieren die Anwendungsgebiete dieses Speichers für Daten-, Karteien- und Tabellenspeicherung sowie Speicherung von Programmsegmenten, Unterprogrammen und Programmbibliotheken.

Diesen Vorteilen stehen jedoch einige entscheidende *Nachteile* gegenüber, die dazu geführt haben, daß der Speicher als Schnellspeicher in modernen Anlagen kaum mehr zur Anwendung kommt. So ist die mittlere Zugriffszeit zu hoch. Diese Zugriffszeit steigt fast proportional mit der Vergrößerung der Speicherkapazität an, da der Drehzahl der Trommel Grenzen gesetzt sind. Als weiterer Nachteil kommt der mechanische Verschleiß, vor allem durch die Rotationsbewegung des Trommelkörpers, hinzu. Die Genauigkeitsforderungen an den Rundlauf der rotierenden Teile sind sehr hoch, so daß die Kosten in der Fertigung beträchtlich sind.

2. Magnetkernspeicher

Einige grundsätzliche Nachteile der Trommelspeicher sind durch die Entwicklung der Magnetkernspeicher beseitigt worden. Dieser Speicher hat vor allem folgende Kennzeichen:

a) Vorteile

Kleine Zugriffszeit t_z (nur wenige Mikrosekunden)

dauerhafte Speicherung auch bei Stromausfall

keine Alterung der Speicherelemente

Anwendung von Stromkoinzidenz

keine beweglichen Teile, so daß kein mechanischer Verschleiß auftritt

b) Nachteile

Zerstörendes Lesen der gespeicherten Information, dadurch ist zeitraubendes Wiedereinsprechen erforderlich

begrenzte Speicherkapazität durch Störimpulse in den nichtausgewählten Kernen

teuerer Aufbau durch die erforderliche Fädelarbeit und Elektronik

beträchtlicher Stromverbrauch

zu große Zugriffszeit für schnelle Rechenwerke

Auf Grund der genannten Nachteile wird an der Weiterentwicklung von Magnetkernspeichern ständig gearbeitet, um vor allem das zerstörende Lesen der Information zu vermeiden. Auf einige Lösungen, die als Weiterentwicklungen zu betrachten sind, wird in dem Abschn. 2.4. hingewiesen.

Die wichtigsten Vor- und Nachteile der übrigen Speicherverfahren sind bereits im Zusammenhang mit der Beschreibung dieser Speicherverfahren erwähnt worden, so daß hier auf weitere Darlegungen verzichtet werden kann.

3. Externe Speicher

Die externen Speicher — sie werden auch als äußere Speicher, Zusatz- oder Zubringerspeicher bezeichnet — haben für die Datenverarbeitung eine große Bedeutung. Besonders beim Übergang zur sog. integrierten Datenverarbeitung werden für die Speicherung der umfangreichen Informationen Speicher mit großer Speicherkapazität benötigt.

Die wichtigsten externen Speicher sind folgende:

1. Großraum-Magnettrommelspeicher

2. Großkernspeicher

3. Magnetbandspeicher

3.1. Magnetbandspulenspeicher

3.2. Magnetbandschleifenspeicher

3.3. Magnetbandkarussellspeicher

Die Forderungen an externe Speicher, wie große Speicherkapazität bei kleinen Zugriffszeiten, haben zur ständigen Weiterentwicklung solcher Speicher geführt.

Um ein optimales Arbeiten der elektronischen Datenverarbeitungsanlagen zu gewährleisten, müssen die externen Speicher das wirtschaftliche Speichern der umfangreichen Informationen ermöglichen. Da die Speicher in der Vergangenheit dieser Grundforderung nicht immer gerecht wurden, erfolgten auch Neuentwicklungen, was zu einer Vielzahl von Speichertypen führte. Auch in der Zukunft werden Weiter- und Neuentwicklungen zu erwarten sein.

3.1. Großraum-Magnettrommelspeicher

Die Weiterentwicklungen bei diesen Speichern gehen grundsätzlich in zwei Richtungen. So werden Trommelspeicher mit großer Speicherkapazität entwickelt, die aber als Nachteil größere Zugriffszeiten aufweisen. Die zweite Entwicklungsrichtung hat zum Ziel, Trommelspeicher mit sehr kurzen Zugriffszeiten zu schaffen. Der Nachteil dieser Speicher ist aber die beschränkte Speicherkapazität, so daß sie als externe Speicher keine große Bedeutung haben.

Für die externe Speicherung sind nur Trommelspeicher mit großer Kapazität verwendbar. Grundsätzlich kann die Speicherkapazität durch zwei Maßnahmen erhöht werden:

1. Vergrößerung der Speicherfläche

2. Erhöhung der Informationsdichte

Die Vergrößerung der Speicherfläche bei Magnettrommeln ist nur durch die Vergrößerung der Oberfläche möglich. Diese Fläche beträgt:

$$A_{\text{Oberfl.}} = D\pi L;$$

D Trommeldurchmesser

L Trommellänge

Die Speicherkapazität ergibt sich dann aus

$$C = A_{\text{Oberfl.}} \times \text{Informationsdichte} = D\pi L\, i_{\text{d}}.$$

Bei der Anwendung von n Trommeln erhöht sich die Kapazität:

$$C = n D\pi L\, i_{\text{d}}$$

Wie aus den Faktoren dieser Gleichung hervorgeht, ist die Vergrößerung der Speicherkapazität nur durch Veränderung von n, D oder L möglich,

wenn konstante Informationsdichte vorausgesetzt wird. In der Praxis
wird dieser Weg auch beschritten. So wird bei den Großraumtrommeln
D und/oder L erhöht, während bei den Doppeltrommelspeichern zwei
Trommeln je Speichereinheit eingesetzt werden, was $n = 2$ entspricht.
Auf die Wirkungsweise und den Aufbau von Trommelspeichern ist
bereits hingewiesen worden. In diesem Zusammenhang soll nur noch kurz
auf die Speicherung der Wörter auf der Trommeloberfläche eingegangen
werden.

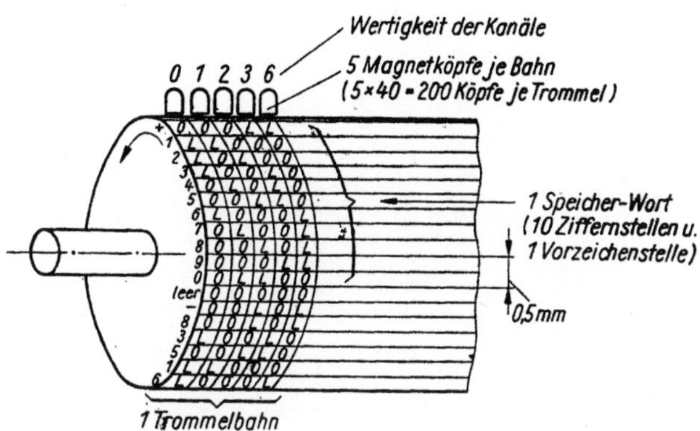

Bild 26. Darstellung einer Zahl auf der Trommeloberfläche im 5er-Kode
L   positiver **Magnetpunkt**;   O   negativer **Magnetpunkt**

Wie die Darstellung einer Zahl auf der Trommeloberfläche erfolgen kann,
ist im Bild 26 zu sehen [9]. Als Beispiel ist die Darstellung im 5er-Kode
gewählt. Für eine Trommelbahn werden in diesem Fall 5 Magnetköpfe
benötigt.
Als Massenspeicher für große Informationsmengen haben sich die Trommelspeicher in Datenverarbeitungsanlagen bewährt. Obwohl bei den Großraumtrommeln der Nachteil in der größeren Zugriffszeit liegt, ist der
wirtschaftliche Einsatz für zahlreiche Gebiete der Datenverarbeitung
gewährleistet. Von den Betrieben, die Datenverarbeitungsanlagen herstellen, werden diese Speicher für die verschiedensten Aufgaben weiter-
entwickelt und eingesetzt. So ist beispielsweise von Remington der Großraumtrommelspeicher FH 880 entwickelt worden. Diese Speichereinheit
arbeitet mit fliegenden Lese- und Schreibköpfen. Die Speicherkapazität
beträgt 3,9 Mill. alphanumerische Zeichen. Die mittlere Zugriffszeit ist
trotz der hohen Speicherkapazität mit 17 ms günstig. Da sich an eine
Datenverarbeitungsanlage bis zu acht solcher Einheiten anschließen
lassen, ergibt sich eine beträchtliche Kapazität. Die genannte Trommel
ist in 128 sechsspurige Kanäle zu jeweils 6144 Wörtern aufgeteilt. Ein
Wort besteht aus 5 Gruppen zu je 6 bit. Die Informationsdichte beträgt
15 bit/mm. Die Trommel weist eine Drehzahl von 1800 U/min auf.
Eine weitere Möglichkeit zur Schaffung von Magnettrommelspeicher-
einheiten mit großem Fassungsvermögen ist die Anordnung von zwei

Trommelkörpern in einer Speichereinheit. Diesen Weg ist Remington
durch die Entwicklung entsprechender Baueinheiten gegangen. So sind
beispielsweise in der Randex-Speichereinheit zwei große Magnettrommeln
angeordnet. Bild 27 zeigt die Speichereinheit. Es lassen sich in einer
Einheit 24 Mill. alphanumerische Zeichen speichern.

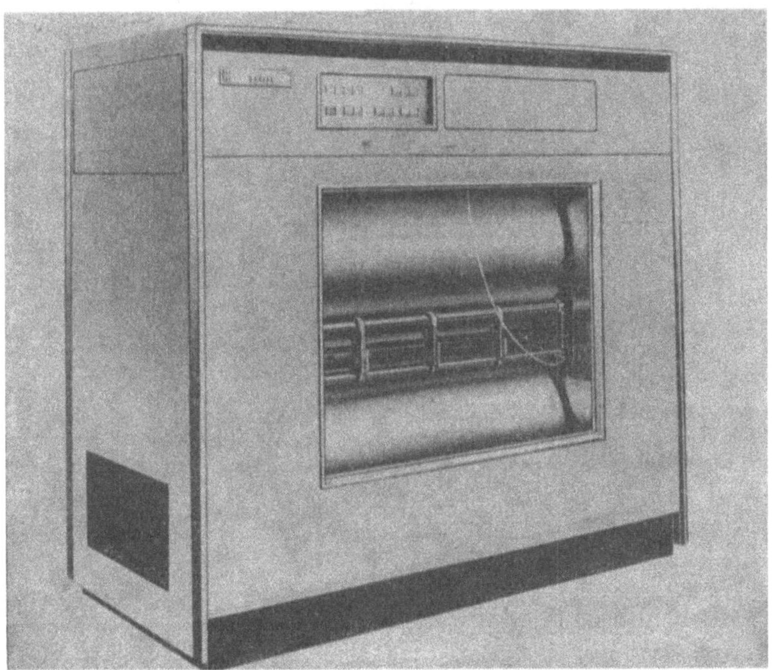

Bild 27. Randex-Großraumtrommelspeicher mit zwei Trommeln

In neuester Zeit haben Trommelspeicher ein weiteres Anwendungsgebiet
bei der Spracheingabe und -ausgabe gefunden. So wird beispielsweise in
der Sprachausgabeeinheit IBM 7770 zur Analogspeicherung von ge-
sprochenen Wörtern eine Magnettrommel verwendet. Es wird dabei in
jeder Spur der Trommel ein Wort gespeichert. Bei einer Trommel mit
beispielsweise 200 Spuren können damit 200 Worte eines bestimmten
Vokabulars gespeichert werden, die zur Sprachausgabe bei Computern
dienen können.

3.2. Großkernspeicher

Die Speicherkapazität von Magnetkernspeichern war ursprünglich relativ
klein, so daß die Anwendung nur als interner Speicher in Frage kam.
Inzwischen erfolgten Weiterentwicklungen, die auch zur Beherrschung
der Vorgänge in großen Kernspeichern führten.

Auf die Wirkungsweise beim Lesen und Schreiben von Informationen ist
bereits hingewiesen worden. Es wird deshalb hier nur kurz auf einige
ausgeführte Großkernspeicher eingegangen. So ist z. B. von IBM der
Großkernspeicher 2361 entwickelt worden. Die Zugriffszeit bei diesem

Bild 28. Speicherebene und Ansicht eines Großkernspeichers IBM 2361

Speicher ist wesentlich kürzer als bei anderen Großraumspeichern. Sie
beträgt beim Speicher IBM 2361 nur 3 oder 8 µs je Doppelwort (mit je
8 Bytes). Die Speicherkapazität kann in Moduln von etwa 1 Mill. Bytes
bis auf eine Kapazität von 8 Mill. Bytes erweitert werden. Es werden zwei

Modelle angeboten. Das Modell 1 weist eine Kapazität von 1 048 576 Bytes auf, während das Modell 2 die Speicherung von 2 097 152 Bytes ermöglicht. Da bis zu vier Einheiten an eine Datenverarbeitungsanlage IBM System 360 angeschlossen werden können, ergibt sich die für Kernspeicher große Kapazität von 8 388 608 Bytes bei kleiner Zykluszeit (8 ms). Das Bild 28 zeigt einen IBM-Großkernspeicher. Rechts im Bild ist eine der großen Speicherebenen zu sehen, während im Hintergrund die Gesamtansicht eines solchen Speichers zu erkennen ist.

3.3. Magnetbandspeicher

Das Ziel der Entwicklung von Magnetbandspeichern ist es — wie bei allen externen Speichern der elektronischen Datenverarbeitung —, umfangreiche Informationsmengen auf möglichst kleinem Volumen wirtschaftlich und dauerhaft zu speichern. Die in den Magnetbandspeichern verwendeten Magnetbänder haben gegenüber den Informationsträgern Lochkarte und Lochband eine Reihe von Nach- und Vorteilen, so daß sie für verschiedene Anwendungsgebiete konkurrieren. Der wichtigste Vorteil des Magnetbands ist die Überschreibbarkeit und damit die wiederholte Verwendungsmöglichkeit. Außerdem ist eine hohe Verarbeitungsgeschwindigkeit erreichbar. Das Ziel der Weiterentwicklungen ist es, auch die anderen Vorteile der Lochkartentechnik, wie die Sichtbarkeit der gespeicherten Informationen und die beträchtliche Sicherheit (auch gegen Fälschungen), in der Magnetbandtechnik zu realisieren. Im Vordergrund muß dabei die Betriebssicherheit und die Verringerung der Fehlerzahl stehen. Da von den Herstellern der Magnetbänder eine Fehlstellenzahl von

$$n \leqq 1 \text{ Fehlstelle je 1000 m (eines 1''-Bandes)}$$

gewährleistet wird, sind die Voraussetzungen für die Erhöhung der Betriebssicherheit gegeben. Wie groß die erreichbare Sicherheit gegen Fehlstellen dadurch ist, läßt sich aus folgendem Beispiel ersehen: Werden auf dem Band 14 Spuren bei einer Informationsdichte von 10 bit/mm geschrieben, so kann von 20 Mill. Zeichen (je Zeichen 7 bit angenommen) höchstens ein Informationsbit durch Bandmängel verursacht sein. Wesentlich ungünstiger aber ist der Einfluß von Staubkörnchen, die zwischen Band und Magnetkopf gelangen können und Fehler verursachen. Durch Prüflesen des Bandes mit automatischer Korrektur lassen sich solche Fehler bis zu einem bestimmten Grad beseitigen. Weitere Möglichkeiten zur Erhöhung der Betriebssicherheit sind beispielsweise die Verwendung von Sicherheitskodes und die Längsprüfung jedes Informationsblocks auf dem Band.

3.3.1. Speicherung auf dem Magnetband

Der Aufbau der Magnetbänder ermöglicht das Aufzeichnen der Informationen. Das Band besteht meist aus einem Plasteband von $^1/_2''$ oder $1''$ Breite, das mit einer dünnen magnetisierbaren Eisenoxidschicht versehen ist. Das ist die eigentliche Speicherschicht. Zum Unterschied zur

bekannten Magnettontechnik, wo unterschiedliche Magnetisierungs-
frequenzen zur Speicherung verwendet werden, wird in der Informationsspeicherung die Richtungsänderung einer vorhandenen **Magnetisierung**
oder die zwei möglichen Magnetisierungsrichtungen der magnetisierbaren
Schicht ausgenutzt.

Jedes Zeichen wird aus einer bestimmten Zahl von magnetisierten Stellen
auf der Oberfläche des Bandes, den Bits, gebildet. Die Zahl der verwendeten
Bits für ein Zeichen hängt vom gewählten Kode ab. Werden zur Darstellung der Zeichen jeweils n Bits benötigt, dann befinden sich auf dem
Magnetband n Spuren (auch als Kanäle bezeichnet). Diese Kanäle befinden sich parallel auf der gesamten Länge des Bandes, das zur Aufzeichnung dient.

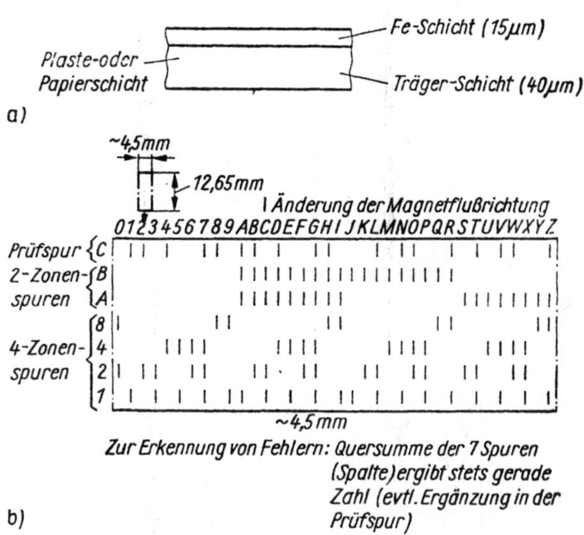

*Bild 29. Aufbau des Magnetbands (a) und Beispiel eines siebenspurigen Magnet-
bandkodes (b)*

Ein Magnetschriftkode, der aus $n = 7$ bit besteht, ist im Bild **29**b zu
sehen. Es handelt sich um den 7spurigen IBM-Magnetbandkode. Dieser
Kode besteht aus vier Ziffern- und zwei Buchstabenspuren sowie einer
Prüfspur. Aus der links unten im Bild angegebenen Wertigkeit der Spuren
ist zu erkennen, daß die Spuren *1, 2, 4, 8* der binären Verschlüsselung der
Dezimalziffern 0 bis 9 dienen. Die Buchstaben werden durch Ergänzung
in den Spuren *A* und *B* gebildet, während die Spur *C* als Prüfspur dient.

Die Informationen sind auf dem Magnetband in der Weise gespeichert,
daß die Daten einer Informationseinheit in einem „Satz" zusammengefaßt sind. Ein Satz kann beispielsweise ein Kundenguthaben oder
eine Bestandposition sein. Die Länge des Satzes ist variabel. Werden
mehrere Sätze zusammengefaßt, so entsteht ein „Block". Die Blocklänge

richtet sich nach den maschinentechnischen Gegebenheiten. Zwischen den Blöcken ist ein Zwischenraum auf dem Band enthalten, der einige Zentimeter betragen kann.

Auf die Verfahren zur Aufzeichnung von Informationen ist bereits hingewiesen worden (Bild 12). Hier soll als Beispiel der Aufbau zur Verwirklichung der Richtungswechselschrift (NRZ-Verfahren) in vereinfachter Darstellung gezeigt werden. Wie dieses Verfahren schaltungsmäßig in der Magnetbandeinheit verwirklicht werden kann, soll anhand des Bildes 30 gezeigt werden. In diesem Bild sind die Blockschaltbilder

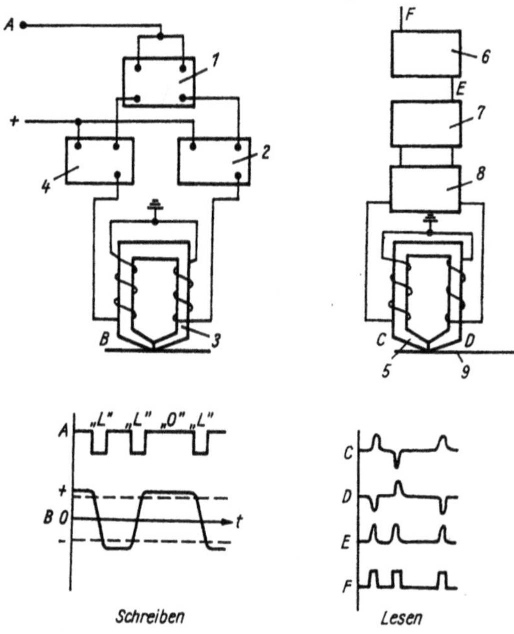

Bild 30. Blockschaltbilder für das Schreiben und Lesen bei Magnetbandgeräten nach dem NRZ-Verfahren (Richtungswechselschrift)

1 Flip-Flop-Steuerstufe; *2* erste Schaltröhre; *3* Schreib-Lese-Kopf; *4* zweite Schaltröhre; *5* Schreib-Lese-Kopf; *6* Begrenzer; *7* Gleichrichter; *8* Gegentaktspannungsverstärker; *9* Magnetband; *A* Steuerimpulse am Eingang des Flipflops; *B* Magnetfluß am Schreib-Lese-Kopf; *C* Spannungsverlauf beim Lesen; *D* Spannungsverlauf am Kopf; *E* Gleichrichterausgang; *F* Verlauf am Begrenzerausgang

und die Vorgänge beim Schreiben und Lesen einer Information im Prinzip dargestellt. Es handelt sich um ein Zeichen, das aus den angegebenen 4 bit besteht. Der Verlauf *A* der Steuerimpulse am Eingang der Flip-Flop-Stufe zeigt, daß für die Binärziffer L ein Impuls erzeugt wird, während für O kein Impuls zu verzeichnen ist. Der Flußverlauf *B* im Schreib-Lese-Kopf ist entsprechend, so daß der Binärziffer L ein Richtungswechsel im Magnetkopf entspricht. Dieser Richtungswechsel im

Kopf wird durch die Flip-Flop-Stufe bewirkt, indem bei L der Magneti-
sierungsstrom in der anderen Spulenhälfte des Magnetkopfs fließt. Dieses
Verfahren hat den Vorteil, daß eine große Informationsdichte erreicht
wird.

3.3.2. Aufbau einer Magnetbandeinheit

Bild 31 zeigt vereinfacht den grundsätzlichen Aufbau eines Magnet-
bandgeräts. Wie aus diesem Bild zu erkennen ist, besteht der mechanische
Aufbau der Einheit vor allem aus den beiden Magnetbandspulen B_1 und
B_2, dem Bandtransport, den Puffern für den Bandvorrat, der Magnetkopfeinheit und dem Gehäuseteil. Nicht im Bild dargestellt ist der Aufbau
der elektronischen Steuereinheit. Im Prinzip ist diese Einheit jedoch im
Bild 30 angegeben.

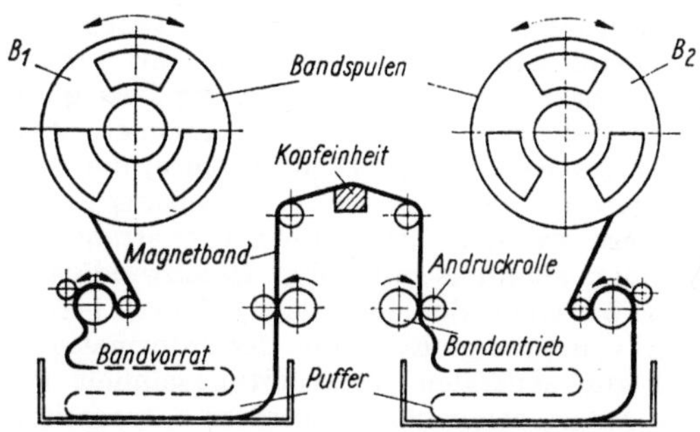

Bild 31. Grundform eines Spulenbandspeichers

Bandlänge	$l = 500 \ldots 1600$ m
Mittlere Zugriffszeit	$t_{zm} = 1 \ldots 3$ min
Speicherkapazität	$c = 10^8$ bit

Um die Zahl der möglichen Fehler durch den konstruktiven Aufbau der
Speichereinheit zu beschränken, werden an die Magnetbandführung und
an die Breite des Bandes hohe Genauigkeitsforderungen gestellt, um
beispielsweise beim Lesen der sieben Spuren des Magnetbands keine
falschen Ergebnisse zu erhalten. Auch die Forderungen an den Bandantrieb sind hoch, um eine möglichst große Geschwindigkeit des Bandes
bei der Aufzeichnung und beim Lesen des Bandes zu erreichen.
Nach der Eingabe einer bestimmten Informationsmenge muß das Band
bis zur Lösung bestimmter Aufgaben in der Anlage angehalten werden.
Für das anschließende Starten und Stoppen des Bandes ergibt sich eine
Bandlänge, die nicht für die Informationsspeicherung benutzt werden
kann. Um diese Bandlänge so klein wie möglich zu halten, muß mit
großen Brems- und Beschleunigungskräften gearbeitet werden. Das
erfordert eine erhebliche Zerreißfestigkeit des Bandes und besondere
konstruktive Maßnahmen im Gerät. So werden Puffer für einen gewissen
Bandvorrat vorgesehen, um nicht die gesamte Bandspule zu sehr bremsen
zu müssen. Dadurch braucht nur der im Bereich der Magnetkopfeinheit

befindliche Teil des Bandes in Betrieb gesetzt zu werden. Um jedoch den
Bandvorrat im Puffer zu steuern, sind besondere Steuerungen erforderlich.
Das automatische Schalten der Steuerungen wird durch gesonderte
Schalter vorgenommen.
Auch äußere Einflüsse, wie Erwärmung und Feuchtigkeit, können zu
Fehllesungen führen, so daß diese Einflüsse sich ebenfalls in bestimmten
Grenzen bewegen müssen.

3.3.3. Lesen von Magnetbändern

Die Magnetbandeinheiten sind durch Kabel mit der Zentraleinheit der
Datenverarbeitungsanlage verbunden. Von dieser zentralen Einheit aus
erfolgt die Steuerung der Magnetbandeinheit. Ausgelöst werden die
Befehle zur Steuerung des Magnetbands durch spezielle Lese- und Schreibbefehle. Diese Befehle sind in der Befehlsliste der Datenverarbeitungsanlage mit enthalten und werden in das zu speichernde Programm ein-
gefügt. Soll z. B. vom Band gelesen werden, so wird durch den Lesebefehl
der Bandtransport ausgelöst. Dabei wird das Magnetband mit großer
Geschwindigkeit am Magnetkopf vorbei bewegt. Während der Bewegung
werden alle Spuren des Bandes gleichzeitig gelesen. Die magnetischen
Elemente in der Speicherschicht des Bandes bewirken Impulse, die zum
Pufferspeicher der Anlage gelangen und dort bis zur Verarbeitung dieser
Informationen zwischengespeichert werden. Der Informationstransport
vom Band zur Zentraleinheit erfolgt ebenfalls mit hoher Geschwindigkeit
(z. B. 16 000 Zeichen je Sekunde bei einer kleinen Anlage). Durch besondere Prüfeinrichtungen wird eine vollständige Kontrolle der Informationsübertragung vom Magnetband zur zentralen Verarbeitungseinheit gewährleistet. Fehlerhaft gelesene Informationsblöcke werden automatisch
mehrere Male wiederholt. Ist dennoch ein Fehler festgestellt worden, so
erfolgt eine Fehlermeldung zur entsprechenden Korrektur.
Beim Erreichen eines Blockzwischenraums wird das Band automatisch
angehalten. Soll der nächste Block gelesen werden, dann erhält die Steuereinrichtung wieder einen Befehl. Bei der Mehrzahl der Magnetbandeinheiten wird die Speicherung der Blöcke so vorgenommen, daß jeder
Block eine Blockadresse enthält. Die Blöcke sind dann in auf- oder ab-
steigender Folge der Blockadressen auf dem Band angeordnet.

3.3.4. Schreiben auf Magnetbändern

Je nach Aufbau der Magnetbandeinheiten findet für das Schreiben der
gleiche Magnetkopf Verwendung, der auch zum Lesen verwendet wird,
oder ein besonderer Schreibkopf. Die Steuerung des Schreibvorgangs
erfolgt durch die Schreibbefehle, die im Programm enthalten sind. Nachdem die Informationen im internen Speicher der Anlage bereitgestellt
worden sind, wird durch den entsprechenden Befehl die Stelle des Magnetbands unter den Magnetkopf gebracht, wo die Speicherung des Blocks
beginnt. Es wird dann zunächst die Adresse des Blocks geschrieben und
danach die zu diesem Block gehörenden Informationen. Die Länge des
Blocks wird meist durch den Pufferspeicher bestimmt, der zwischen der
Verarbeitungseinheit der Anlage und der Magnetbandeinheit angeordnet
ist. Die maximale Kapazität dieses Pufferspeichers begrenzt die Größe

des Informationsblocks. Die untere Grenze des Blocks wird durch wirtschaftliche Gesichtspunkte festgelegt, da eine möglichst gute Ausnutzung des Bandes angestrebt wird. Sind die Blöcke klein, dann ergeben sich viele Start-Stop-Lücken auf dem Band, die nicht für die Speicherung ausgenutzt werden können. Aus diesem Grund werden Informationsblöcke mit konstanter optimaler Länge bevorzugt. Als Nachteil einer solchen Lösung ergibt sich, daß sie nicht allen praktischen Aufgaben gerecht werden, da vielfach die zu schreibenden Informationsmengen stark schwanken.

Das Lesen der Informationen kann beliebig oft erfolgen, da das Magnetband als permanenter Speicher die Informationen unbegrenzt lange aufbewahren kann. Gelöscht wird die Information erst, wenn sie programmgesteuert durch eine andere Information überschrieben wird.

Hinsichtlich der Art der Verarbeitung von Informationen mit Hilfe von Magnetbandeinheiten wird von Übertragungsbetrieb und Substitutionsbetrieb gesprochen. Bei der Anwendung des *Übertragungsbetriebs* werden mit Hilfe der Adressen die Informationsblöcke aufgesucht und die Informationen gelesen. Diese Informationen werden zusammen mit anderen Informationen, die entweder von einem anderen Informationsträger oder Magnetband kommen, verarbeitet und die neu gewonnenen Informationen unter der gleichen Adresse in ein anderes Magnetband eingebracht. Dieser Vorgang läßt sich vereinfacht so schreiben:

$$\text{Band } 1 + \text{Band } 2 =: \quad \text{Zielband} ,$$

d. h., die Informationen aus den Ursprungbändern 1 und 2 werden in das Zielband übertragen, wobei diese Übertragung mit oder ohne Veränderung der Informationen erfolgen kann.

Der *Substitutionsbetrieb* geht folgendermaßen vor sich: Der ausgewählte Informationsblock wird gelesen und die Informationen verarbeitet. Anschließend wird unter der gleichen Adresse der vollständig oder nur teilweise geänderte Inhalt des Blocks wieder auf das Magnetband geschrieben. In diesem Fall muß der neue Informationsblock auf dem Band die gleiche Länge wie der ursprüngliche Block einnehmen.

3.3.5. Magnetbandspulenspeicher

3.3.5.1. *Wirkungsweise*

Unter Magnetbandspulenspeichern (in der Literatur werden diese Speicher einfach Magnetbandspeicher genannt, obwohl diese Bezeichnung nicht ganz exakt ist) sollen die Magnetbandeinheiten verstanden werden, bei denen zum Aufzeichnen und Lesen der Informationen auf Magnetbändern zwei Bandspulen verwendet werden. In der Regel sind diese Bandspulen auswechselbar. Die Bewegung des Bandes erfolgt in beiden Richtungen. Das Aufzeichnen der Informationen und das Lesen ist je nach Ausführung des Bandspeichers entweder in beiden Richtungen möglich oder nur in einer. Im letztgenannten Fall wird das Band vor dem Lesen in die Anfangstellung zurückgespult.

Den grundsätzlichen Aufbau eines Magnetbandspeichers zeigt in vereinfachter Darstellung das Bild 32. Dieses Prinzip ist in den IBM-Magnetbandeinheiten verwirklicht. Der Verlauf des Magnetbands *3* beim Schreiben und Lesen ist aus dem Bild ersichtlich. Zwischen den Bandrollen *1* und *2* sind die Magnetköpfe zum Lesen, Schreiben oder Löschen der Informationen angeordnet. Die beweglichen Andruckrollen *8* und *9* bewirken das Starten und Stoppen des Magnetbands. Zwischen diesen Andruckrollen und den Bandrollen ist die Bandpufferung in Form einer losen Bandlänge vorgesehen, damit beim Start des Bandes die Andruckrollen nicht auf

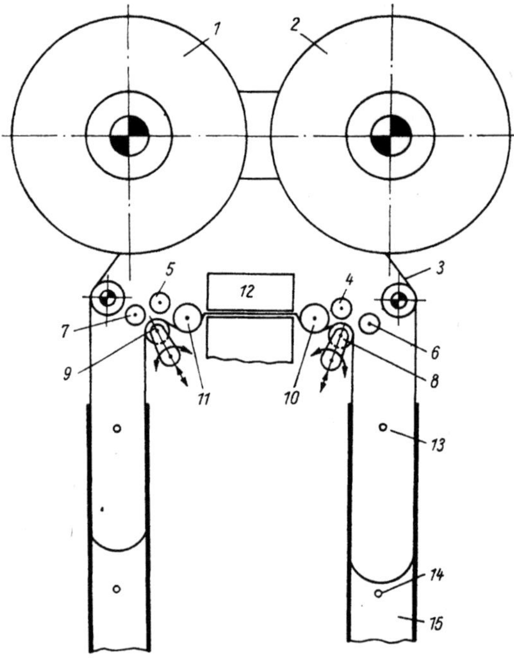

Bild 32. Magnetbandverlauf in einem Magnetbandgerät
1 und *2* Magnetbandrollen; *3* Magnetband; *4* und *5* Stoprollen; *6* und *7* Antriebsrollen; *8* und *9* Andruckrollen; *10* und *11* Führungsrollen; *12* Schreib-Lese- und Löschköpfe; *13* und *14* Kontrollschalter; *15* Vakuumraum

die gesamte Bandlänge wirken müssen, sondern nur einen Teil des Bandes beschleunigen. Durch die angeordneten Kontrollschalter (Vakuumschalter oder optische Schalter) wird die Bandschleifenlänge in der Bandpufferung annähernd konstant gehalten. Gleichzeitig erfolgt die Steuerung der Aufspulrollen. Ist die Bandlänge in der Pufferung nicht mehr ausreichend, so daß es den oberen Kontrollschalter *13* erreicht, dann erhält das Laufwerk der Bandrolle automatisch einen Befehl zum Transport des Bandes. Dadurch wird die Bandrolle so lange bewegt, bis das Band den unteren Kontrollschalter *14* erreicht. In diesem Augenblick wird der Bandlauf abgeschaltet. Die Einschaltung des Bandes zum Lesen oder Schreiben (im Bereich des Magnetkopfs) erfolgt durch einen entsprechenden Befehl der angeschlossenen Datenverarbeitungsanlage. Das Band bewegt sich dann mit der konstruktiv ausgelegten Geschwindigkeit am Magnetkopf vorbei. Das Lesen und Schreiben erfolgt auch in diesem Fall über die gesamte Bandbreite, so daß alle Spuren (Kanäle) gleichzeitig gelesen oder geschrieben werden. Die gelesenen Informationen werden mit Hilfe der elektronischen Schreibkreise in Impulse umgeformt und an den internen Speicher der Anlage zur weiteren Verarbeitung geleitet.

Eine andere Ausführung eines Magnetspulenspeichers zeigt Bild 33. In diesem Fall werden die Bandspulen so angeordnet, daß sie in einer Ebene übereinanderliegen. Der Bandlauf ist im Bild angegeben. Man erkennt, daß sich ein einfacher Verlauf des Magnetbands im Gerät ergibt. Die einzelnen Teile des Geräts sind im Bild gekennzeichnet, so daß die Wirkungsweise ersichtlich ist.

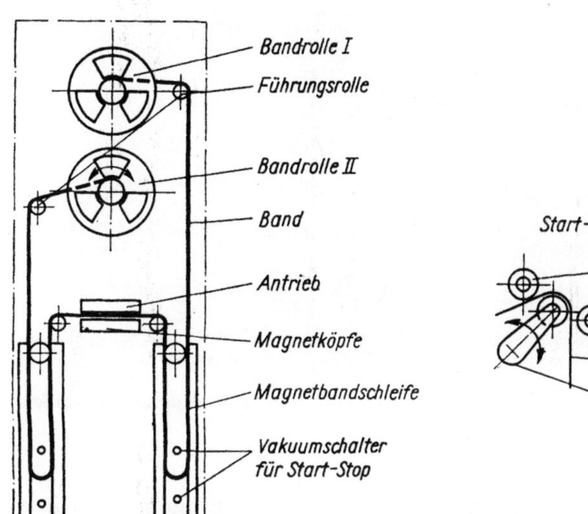

Bild 33. Aufbau eines Magnetbandlaufwerks mit übereinanderliegenden Bandrollen
Bandgeschwindigkeit 1,5 m/s
Start-Stop-Zeit etwa 5 ms

Rechts im Bild 33 ist das Prinzip des Start-Stop-Vorgangs etwas größer dargestellt. Durch den beweglichen Arm wird das Starten oder Stoppen des Bandes eingeleitet. Soll z. B. das Band gestartet werden, dann wird der Arm in Richtung zur Antriebsrolle gedrückt. Das zwischen den beiden Rollen liegende Band wird dadurch in Bewegung versetzt. Zum Stoppen des Bandes wird der Bewegungsverlauf des beweglichen Armes in der anderen Richtung ausgenutzt. Das Band gelangt an die feste Stoprolle und wird dabei angehalten.

3.3.5.2. *Zur Anwendung von Magnetbandspulenspeichern*

In jeder modernen Datenverarbeitungsanlage werden heute zur Informationsspeicherung als externe Speicher auch Magnetbandspulenspeicher verwendet. Auf einige Anwendungsfälle soll kurz hingewiesen werden.

In der EDVA R 300 können bis zu acht Magnetbandspulenspeicher angeschlossen werden, wie das Blockschaltbild dieser Anlage (Bild 5) zeigt. Bild 34 zeigt einen Teil der Datenverarbeitungsanlage, bestehend aus dem Steuerpult und vier Magnetbandgeräten.

Bild 34. Teilansicht der EDVA R 300 (Steuerpult und vier Magnetbandspulenspeicher)

In der Zentraleinheit der Anlage R 300 ist ein fester Eingabe- und Ausgabekanal für den Anschluß einer Magnetbandeinrichtung vorgesehen. Diese Einrichtung besteht aus einem Magnetbandsteuergerät und maximal acht Magnetbandeinheiten. In dem Steuergerät werden zahlreiche Funktionssteuerungen für die einzelnen Magnetbandeinheiten ausgeführt. Während eines Programms lassen sich bis zu sechs Magnetbandeinheiten beliebig ansteuern. Die Übertragung der Daten zur Zentraleinheit erfolgt ungepuffert mit einer Taktfrequenz von etwa 33 kHz. Die Speicherdichte beträgt 22 Zeichen je Millimeter, so daß sich je Magnetband eine Speicherkapazität von 10 Mill. alphanumerischen Zeichen ergibt. Hervorzuheben ist die Fehlerkorrekturschaltung des Steuergeräts. Beim Lesen des Bandes werden mit dieser Einrichtung fehlerhafte Zeichen automatisch berichtigt, bevor sie zur Zentraleinheit (Arbeitsspeicher) transportiert werden.

In der Regel lassen sich zur Erweiterung der Speicherkapazität an eine Datenverarbeitungsanlage stets mehrere Speichereinheiten, die mit Magnetbandspulen arbeiten, anschließen. So ist es beispielsweise möglich,

an die elektronische Datenverarbeitungsanlage UNIVAC 1107 neben
anderen externen Speichern bis zu 16 Magnetbandeinheiten anzuschließen.
Dadurch steht eine große Speicherkapazität zur Verfügung.

3.3.6. Magnetbandschleifenspeicher

Die Magnetbandspulenspeicher haben einige Nachteile, die sich bei der
Informationsverarbeitung ungünstig auswirken. So muß das Magnetband
vollständig zurückgespult werden, wenn der zu lesende Informationsblock am anderen Ende des Bandes aufgezeichnet worden ist. Auch das
Stoppen des Bandes bei Blockwechsel wirkt sich ungünstig aus. Diese
zwei Nachteile sind es vor allem gewesen, die zur Entwicklung von Ma-
gnetbandschleifenspeichern geführt haben. Bei diesen Speichern werden

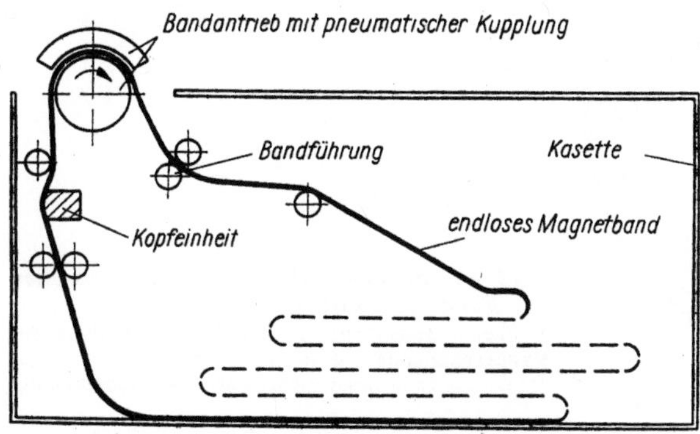

Bild 35. Aufbau eines Magnetbandspeichers mit einer endlosen Schleife

Bandlänge $\qquad$ $l = 10 \ldots 100$ m

mittlere Zugriffszeit $\qquad$ $t_{zm} \geqq 1$ s

Speicherkapazität $\qquad$ $c = 10^6 \ldots 10^7$ Zeichen

anstelle der zwei Magnetbandspulen Magnetbänder verwendet, die als
endlose Bänder bestimmter Länge ausgeführt werden. Bei diesen Speichern wird das Magnetband staubdicht in einen flachen Behälter untergebracht. Dieser Behälter für das Magnetband kann ausgewechselt werden. Die Länge des Endlosbands kann dem Verwendungszweck angepaßt
werden und beträgt zwischen 10 und 100 m. Bild 35 zeigt den grundsätzlichen Aufbau eines Magnetbandschleifenspeichers. Die wichtigsten
Baugruppen des mechanischen Aufbaus eines solchen Speichers sind der
Bandantrieb, die Magnetkopfeinheit und die Bandführung. Die Zugriffszeit bei diesen Speichern ist von der Bandlänge und der Bandgeschwindigkeit abhängig und beträgt im allgemeinen mehr als eine Sekunde.

3.3.7. Magnetbandkarussellspeicher

Einen neuen Weg in der Entwicklung der Magnetbandspeicher für die
Informationsverarbeitung ist die Firma Facit mit der Entwicklung des
Magnetbandkarussellspeichers gegangen. Bei diesem Speicher werden

nicht zwei Magnetbandspulen verwendet, sondern eine drehbar gelagerte
Scheibe mit 64 kleinen Magnetbandspulen, die auf dem Umfang dieser
Scheibe verteilt sind. Bild 37 zeigt den Aufbau dieser Scheibe mit den
karussellförmig angeordneten kleinen Magnetbandspulen. Jede dieser
64 Bandspulen ist auswechselbar. Eine Spule enthält jeweils eine Magnet-
bandlänge von 9 m. Die Breite des Bandes beträgt $\frac{5}{8}''$.

In der Speichereinheit ist die Karussellscheibe in beiden Richtungen drehbar gelagert, wie aus Bild 37 zu ersehen ist. Wird die Adresse einer Spule
aufgerufen, so legt die Scheibe automatisch den kürzesten Weg bis zur
Lesestation (im Bild 37 als Lese-Schreib-Kopf bezeichnet) zurück, und

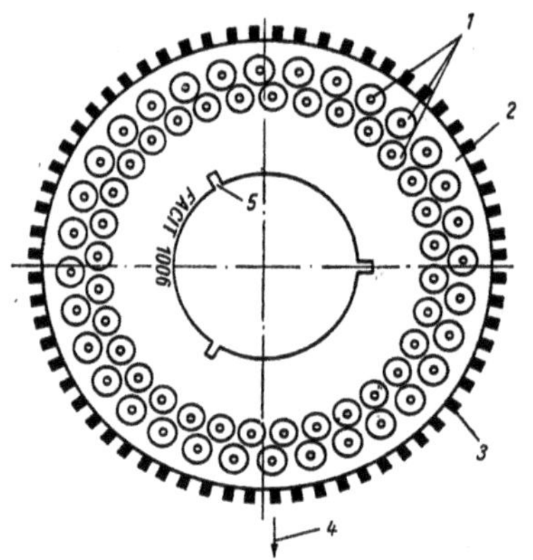

**Bild 36. Scheibe mit 64 Magnetbandrollen
des Facit-Karussellspeichers**
1 Magnetbandrollen; *2* Scheibe; *3* Gewicht für
Magnetbandende; *4* Bewegungsrichtung des Magnetbands beim Lesen/Schreiben; *5* Aufnahmeschlitz

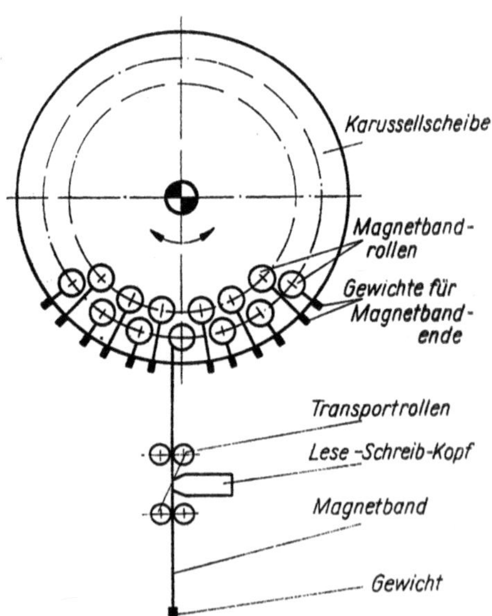

**Bild 37. Prinzip eines Magnet-
bandkarussellspeichers**

die Spule wird in die Anfangsstellung gebracht. Das freie Ende des Magnetbands ist mit einem Gewicht versehen. Wenn die Spule die erforderliche Stellung erreicht hat, wird das herunterfallende Gewicht in eine bestimmte Bahn geleitet. Nachdem das Gewicht das Band am Lese-Schreib-Kopf vorbeigezogen hat, wird es von einer Druckrolle an eine ständig umlaufende Antriebsrolle gedrückt, wodurch das Band schnell in einen unter der Scheibe befindlichen Behälter abgespult wird. Bei diesem Vorgang werden die Informationen entweder gelesen oder neue geschrieben. Durch einen Befehl der angeschlossenen Anlage werden die Lese- oder Schreiboperationen unterbrochen und das Band wieder aufgespult. Wenn das Gewicht am Ende des Bandes die Ausgangsstellung erreicht hat, können die nächsten Operationen des Speichers eingeleitet werden.

Jede der einzelnen kleinen Magnetbandspulen kann ausgewechselt werden. Auch die Karussellscheibe kann zusammen mit den Spulen in der Speichereinheit ausgetauscht werden. Die Aufzeichnung der Information auf dem Magnetband erfolgt in acht Spuren. Das Magnetband wird dabei in einem bestimmten Abstand am Magnetkopf vorbei bewegt. Die Bewegung der Karussellscheibe in die Arbeitsstellung dauert im ungünstigsten Fall 3 s.

Der Vorteil des Magnetbandkarussellspeichers liegt vor allem darin, daß durch die 64 einzelnen Spulen veränderliche Informationsblöcke zusammengestellt werden können. Ein noch günstigerer Einsatz ist gegeben, wenn zur Aufzeichnung der Informationen auf den kleinen Magnetbandrollen entsprechende Büromaschinen verwendet werden, so daß eine Informationserfassung am Entstehungsort der Informationen erfolgt.

3.3.3. Magnetbandkassettenspeicher

Bei diesem Speicher werden auswechselbare Kasetten, in denen das Magnetband staubdicht enthalten ist, verwendet. Die Kassetten mit dem Magnetband werden in die Speichereinheit eingesetzt, wobei sich automatisch die Verbindung mit dem Spulenantrieb ergibt. Der von I.C.T. entwickelte Magnetbandkassettenspeicher enthält vier Kassetten (Magnetbandstationen). Die Länge des in jeder Kassette befindlichen Magnetbands kann den Einsatzbedingungen angepaßt werden und beträgt bis zu 75 m. Das Band wird in der Kassette lose auf- und abgewickelt, so daß der Antriebs- und Kontrollmechanismus vereinfacht aufgebaut werden kann. Das Auswechseln der Kasetten ist relativ einfach möglich, da kein Einfädeln des Bandes erforderlich ist. Die Aufzeichnung der Informationen erfolgt in Blöcken zu je 80 Zeichen. In jeder Kassette lassen sich bis zu 1 Mill. Zeichen speichern.

3.4. Magnetplattenspeicher

Bei den Magnetplattenspeichern werden zur Informationsspeicherung um eine Achse rotierende Platten oder Scheiben verwendet. Das angewendete Grundprinzip für das Speichern der Informationen bei Magnetplattenspeichern entspricht dem bei Magnetband- und Trommelspeichern angewendeten Verfahren: Auf einem Schichtträger ist eine Speicherschicht,

die aus Eisenoxid besteht, aufgebracht. Diese Speicherschicht wird durch
Magnetköpfe so beeinflußt, daß das Aufzeichnen und Lesen der Informationen an jeder Stelle möglich ist.
Die Speicherkapazität der Magnetplattenspeicher ist beispielsweise im
Vergleich zu den Trommelspeichern bei gleichem Volumen höher, da
die einzelnen Platten eine größere Speicherfläche haben. Die Speicherkapazität C ist abhängig von der Oberfläche A und der Informationsdichte i_d:

$$C = A\, i_d$$

Die bei einem Plattensatz zur Verfügung stehende Speicherfläche ist
von der Plattenzahl z abhängig. Bei jeder Platte stehen zwei Flächen
für die Informationsspeicherung zur Verfügung. Wird der äußere Durchmesser der Platte mit D und der innere Durchmesser, der durch die
Halterung mit der Achse nicht zur Speicherung benutzt werden kann,
mit d bezeichnet, so beträgt die Speicherkapazität eines Plattensatzes:

$$C = 2z \left(\frac{D^2 \pi}{4} - \frac{d^2 \pi}{4} \right) i_d = z\, \frac{\pi}{2}\, (D^2 - d^2)\, i_d;$$

i_d Informationsdichte

z Plattenzahl

D äußerer Plattendurchmesser

d innerer Durchmesser

Aus dieser Gleichung ergibt sich, daß die Vergrößerung der Speicherkapazität bei konstanter Informationsdichte nur durch die Erhöhung der
Plattenzahl z oder den äußeren Durchmesser D möglich ist. Beide Wege
sind bei der Entwicklung von Plattenspeichern gegangen worden.

3.4.1. Grundaufbau von Plattenspeichern

Bild 38 zeigt das Grundprinzip eines Scheibenspeichers (Plattenspeichers).
Wie aus dem Bild zu erkennen ist, wird eine bestimmte Zahl von Platten
(im vorliegenden Fall 50 Platten: z_1 bis z_{50}) zu einem Plattensatz zusammengestellt. Die Platten sind fest mit der rotierenden Achse verbunden. Jede dieser Platten stellt eine annähernd starre Speicherscheibe
(aus Leichtmetall) dar. Die Magnetköpfe sind so mit einem beweglichen
Arm verbunden, daß jede Speicherzelle auf einer dieser Platten erreicht
werden kann. Dazu ist der Arm mit einer mechanischen Steuereinrichtung verbunden, die die Bewegung in horizontaler und vertikaler
Richtung ermöglicht. Wird über die angeschlossene Datenverarbeitungsanlage die Adresse einer bestimmten Information, die auf einer Fläche
des Plattensatzes gespeichert ist, aufgerufen, dann erhält der Steuermechanismus des Plattenspeichers einen entsprechenden Befehl und die
Magnetköpfe werden in die Stellung zur Ausführung der Leseoperation
gebracht. Während der Ausführung der Operation erfolgt die Verriegelung
des Arms (Spur- und Plattenverriegelung). Die Bewegung des Arms wird
mit Hilfe von Stahlseilen vorgenommen, die über Transportrollen geführt sind.

Die Relativbewegung zwischen dem beweglichen Arm und dem Plattensatz
ist im Bild 39 kenntlich gemacht. Im oberen Teil des Bildes sind die
wichtigsten Teile dargestellt und die Bewegungsrichtungen der Teile
eingezeichnet. Außerdem sind die Abmessungen für einen ausgeführten
Plattenspeicher angegeben. Die 50 Platten sind so übereinander angeordnet, daß sich eine Höhe von 500 mm ergibt. Wird die Dicke der Platte

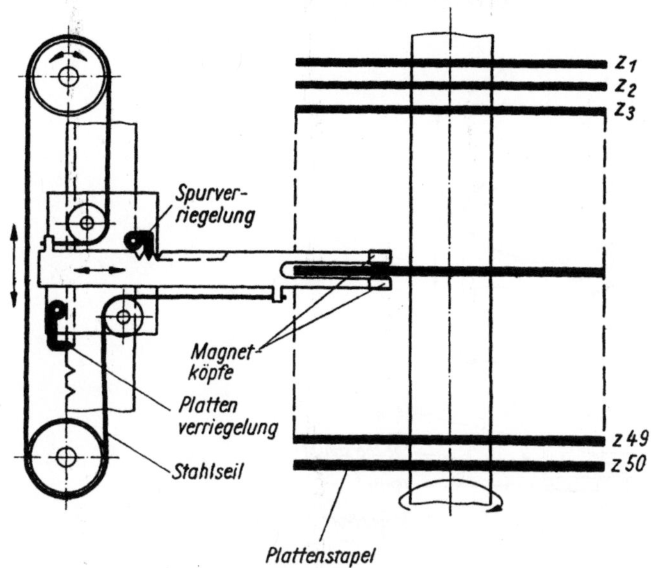

*Bild 38. Grundsätzlicher Aufbau eines Plattenspeichers (Scheibenspeichers) mit
50 Platten (Plattensatz nicht auswechselbar)*

Technische Daten ausgeführter Scheibenspeicher:

Plattenzahl	$z = 1 \ldots 500$
Drehzahl	$n = 20 \ldots 60$ U/s
Spurenzahl	$s = 100$ je Platte
mittlere Zugriffszeit	$t_{zm} = 0,5$ s bis 150 ms
Speicherkapazität	$c = (1 \ldots 5)\ 10^8$ bit

berücksichtigt, so ergibt sich ein Abstand von etwa 7,5 mm zwischen
den Platten für den Magnetkopf und die Halterung. Der Durchmesser
der Platten beträgt 600 mm, so daß der Arm in horizontaler Richtung
einen Weg von etwa 250 mm zurücklegen muß. In der Mitte des Bildes
ist dieser Bewegungsverlauf dargestellt. Im unteren Teil des Bildes ist
perspektivisch eine Platte in Verbindung mit dem Arm zu sehen. Auf jeder
Seite der Platte lassen sich 200 Informationsspuren aufbringen. Die Fläche
ist in Sektoren aufgeteilt. Jeder Sektor enthält eine bestimmte Zahl von
Speicherzellen. Die Speicherzelle ist jeweils bestimmt durch die Plattenzahl und die Seite der Platte. Außerdem muß noch die Zahl der Spur und
die Stelle im Sektor angegeben sein. Soll der Inhalt einer Zelle gelesen

werden, muß der Arm erst zwischen die zu lesende Platte gebracht werden
und dann in die Spurstellung. Erst dann kann die Schreib- oder Leseoperation erfolgen.

Die Ausführung des Plattenspeichers nach Bild 38 hat den Nachteil, daß
eine große Zugriffszeit auftritt, da der bewegliche Arm zwei Bewegungen
ausführen muß, um eine bestimmte Spur zu erreichen. Die mittlere
Zugriffszeit beträgt beispielsweise bei ausgeführten Speichern dieser Art
0,5 s. Die Speicherkapazität beträgt mehrere Millionen Bits.

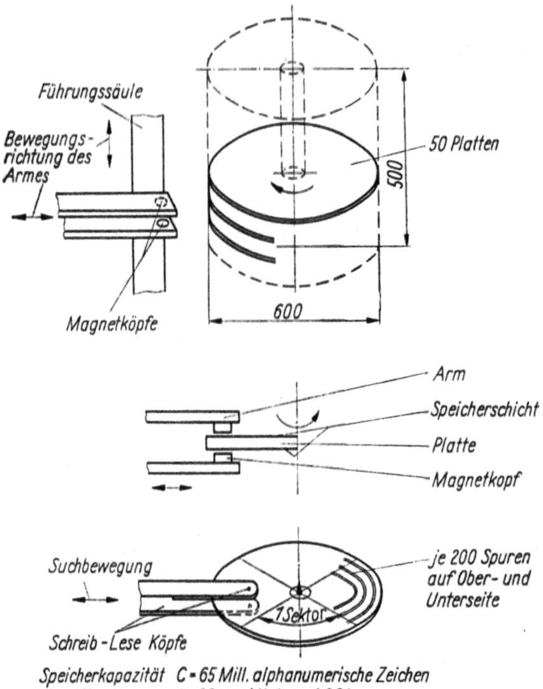

Bild 39. Schematische Dar-
stellung der Relativbewegung
zwischen Arm und Platten-
satz

Bei der Weiterentwicklung dieser Speicher wird anstelle eines Armes ein
gabelförmiger Mehrfacharm verwendet. In diesem Fall wird nur noch
eine horizontale Bewegung ausgeführt, da dieser Arm so viel Magnetköpfe hat, wie der Plattensatz Speicherflächen aufweist. Dadurch wird
zwar der Aufwand größer, dafür werden aber wesentlich kürzere Zugriffszeiten erzielt. Sie liegen in der Größenordnung von 100 ms. Durch
die Erhöhung der Speicherdichte werden die speicherbaren Informationsmengen ebenfalls erhöht, so daß 100 Mill. alphanumerische Zeichen und
mehr gespeichert werden können. Zum einfachen Umladen der Informationen werden die Plattensätze auswechselbar ausgeführt. Dadurch
läßt sich wie bei den Magnetbandspeichern die Kapazität von Plattenspeichern praktisch unbegrenzt erhöhen.

Einen neuen Weg bei den Plattenspeichern ist die Firma Remington gegangen. Anstelle des Plattensatzes von mehreren Platten werden in dem Plattenspeicher dieser Firma nur jeweils eine Platte für die Speicherung verwendet. Bild 40 zeigt im oberen Teil den Aufbau eines Wechselplattenspeichers (UNIDISC). In jeder Speichereinheit sind zwei auswechselbare Platten angeordnet. Ein fester Lese-Schreib-Kopf für die Schnellzugriffsspur und zwei bewegliche Lese-Schreib-Köpfe wirken auf die Speicherfläche ein. Es können 2 · 50 Informationsspuren geschrieben werden. Die Speicherkapazität einer Platte wird mit etwa 1 Mill. Zeichen relativ hoch.

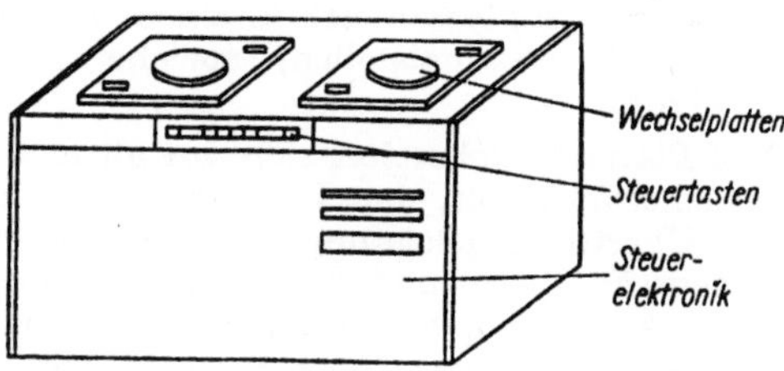

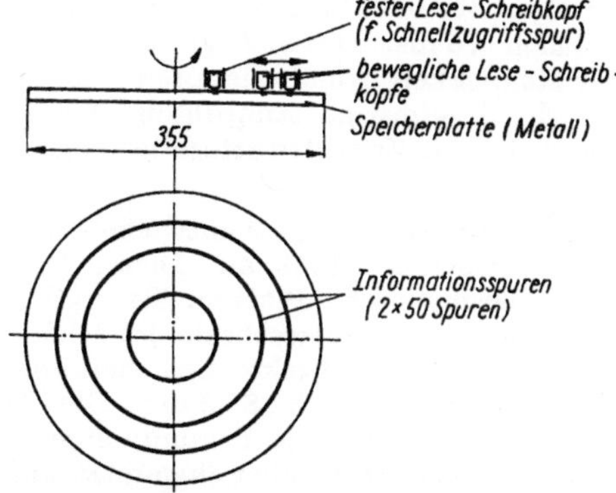

Speicherkapazität der Platte   1,008 Mill Zeichen
2×50 Spuren zu je 100 Sektoren

Bild 40. Prinzip des Wechselplattenspeichers

3.4.2.   Ausgeführte Plattenspeicher

Die bekannteste Ausführung eines Magnetplattenspeichers ist der IBM-Magnetplattenspeicher Ramac. Dieser Plattenspeicher arbeitet nach dem im Bild 38 gezeigten Prinzip. Verwendet wird dieser Speicher für große Informationsmengen, die — im Gegensatz zu auf Magnetband gespeicherten Informationen — in nichtsequentieller Reihenfolge zur Verfügung stehen müssen. Die direkte Zugänglichkeit zu allen Informationen eines Arbeitsgebiets ermöglicht die simultane Informationsverarbeitung.

Weiterentwicklungen des Ramac-Speichers stellen die verschiedenen
Plattenspeichereinheiten von IBM dar. Bei der Speichereinheit 1301
wird ein Plattensatz mit 20 Platten verwendet. Es lassen sich 25 Mill.
Zeichen speichern. Diese Magnetplattenspeichereinheit hat je Platte einen
Arm, so daß zum Lesen und Schreiben 20 Arme zur Verfügung stehen,
mit denen alle Spuren gleichzeitig erreicht werden können, da sie kamm-
artig parallel zur Drehachse angeordnet sind und nur eine horizontale
Bewegung erforderlich ist. Die Zugriffszeit beträgt 50 bis 180 µs. Die
Lesegeschwindigkeit liegt mit 90 000 Zeichen je Sekunde in der Größenordnung von Magnetbandgeräten. Die Magnetplatteneinheit 2311 hat
auswechselbare Magnetplatten. Das Kernstück dieser Speichereinheit ist
der auswechselbare Plattensatz. Der Plattensatz besteht aus sechs um
eine Achse rotierenden Magnetscheiben. Es lassen sich in einem Plattenpaket 7,25 Mill. Bytes (= 14,5 Mill. Dezimalstellen) speichern. Die
Zugriffszeit beträgt im Mittel 85 ms.

Die Weiterentwicklung der IBM-Plattenspeicher hat sich vor allem hinsichtlich der Erhöhung der Speicherkapazität, der Verkürzung der Zugriffszeit und der Erhöhung der Übertragungsleistung vollzogen. So hat
die Speichereinheit 2314 neun Zugriffs-, Lese- und Schreibmechanismen,
von denen acht für die laufenden Arbeiten gebraucht werden und einer
als Reserve zur Verfügung steht. Das auswechselbare Plattenpaket hat
eine Speicherkapazität von 25,8 Mill. Bytes, so daß in einer IBM 2311
insgesamt über 200 Mill. Bytes aufbewahrt werden können. Die Lese-
und Schreibgeschwindigkeit beträgt 312 000 Zeichen je Sekunde. Die
Zugriffszeit beträgt durchschnittlich 75 ms. Diese Zugriffszeiten fallen
kaum ins Gewicht, wenn von der Möglichkeit des überlappten Auswählens
Gebrauch gemacht wird. Auch durch günstige Anordnung der Informationen im Plattenspeicher lassen sich die Zugriffswartezeiten wesentlich
reduzieren.

Auch von anderen Firmen sind Magnetplattenspeicher entwickelt worden.
So bietet I.C.T. den Wechselplattenspeicher 1953 an. Dieser Platten-
speicher hat zur Informationsspeicherung sechs Platten. Es ergibt sich
eine Kapazität von 4 030 000 Zeichen. Das Auswechseln ist leicht von
Hand möglich, so daß sich eine unbegrenzte indirekte Speicherkapazität
ergibt. Die Zugriffszeit beträgt durchschnittlich 87,5 ms. Die Übertragungsgeschwindigkeit wird mit 66 000 Zeichen je Sekunde angegeben.
Von der gleichen Firma ist ein sog. Großplattenspeicher eingesetzt worden.
Die Platten haben einen Durchmesser von 810 mm und sind fest in der
Speichereinheit eingebaut. Die Kapazität eines solchen Speichers beträgt
31,5 Mill. Zeichen.

3.5.   Magnetkartenspeicher

Der Magnetkartenspeicher stellt unter den externen Speichern eine
interessante Lösung dar. Er vereinigt wesentliche Vorteile von Großraumtrommeln, Magnetbandspeichern und Magnetschleifenspeichern.

Im Grundaufbau läßt sich der Magnetkartenspeicher mit einem Trommelspeicher vergleichen, der eine auswechselbare Speicherfläche hat. Diese

70

Auswechselbarkeit des Informationsträgers wirkt sich in der Datenverarbeitung vorteilhaft aus. Als auswechselbares Speichermedium dient beim Magnetkartenspeicher die Magnetkarte.

8.5.1. Aufbau der Magnetkarte und Speicherkapazität

Die Magnetkarte besteht aus einem Plastikband von 80 mm Breite und 350 mm Länge. Dieses Band enthält auf der einen Seite sieben Streifen, die parallel und voneinander getrennt aufgebracht sind. Die Streifen sind magnetisierbar, so daß auf ihnen die Informationen aufgezeichnet werden können. Die Karten werden in ein Kartenmagazin eingebracht. Dazu befinden sich am oberen Kartenrand Kerben, die das Aufhängen der Karten im Magazin ermöglichen.

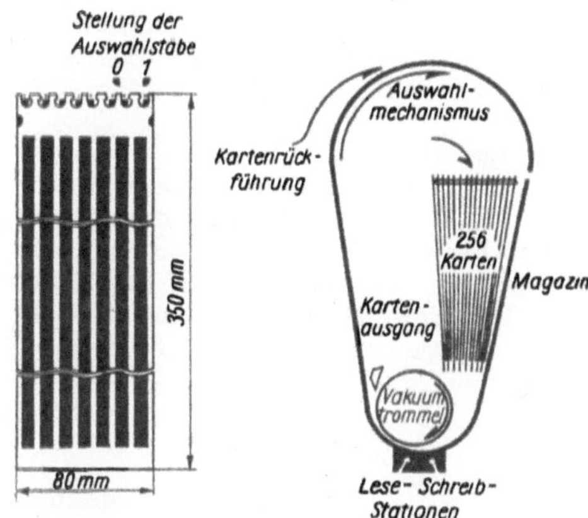

Bild 41. Magnetkarte und Transportmechanismus des CRAM-Magnetkartenspeichers

Der Aufbau der Magnetkarte ist im Bild 41 links zu sehen. Für die Karte sind die Maße angegeben, die für den CRAM-Speicher ($CRAM$ = Card Random Access Memory) gelten. Für die magnetisch beschichteten Kunststoffkarten des I.C.T.-Speiehers sind als Abmessungen 40,6 cm Länge und 11,4 cm Breite gewählt worden.

Die gesamte Speicherkapazität des Magnetkartenspeichers ist abhängig von der Speicherkapazität einer Karte und der Zahl der verwendeten Magnetkarten in einem Kartenmagazin.

Die *Speicherkapazität einer Karte* ist abhängig von der Zahl der Spuren s, der Spurenlänge l und der Informationsdichte i_d:

$$C_i = s\, l\, i_d$$

Bei konstanter Informationsdichte sind nur die konstruktiven Größen l und s variabel ausführbar. Hierbei ist jedoch zu berücksichtigen, daß die Länge und Breite nicht beliebig erweitert werden können, da sonst zu große Abmessungen für den Speicheraufbau entstehen.

Die Speicherkapazität einer Karte des I.C.T.-Speichers beträgt beispielsweise 166 400 alphanumerische Zeichen. Die Karte ist in 256 Informationsblöcke zu je 650 Zeichen unterteilt.

Die *Speicherkapazität eines Magazins* ist von der Zahl der Karten abhängig, die im Magazin untergebracht werden können. Sie beträgt:

$$C = n\,s\,l\,i_\mathrm{d};$$

n Zahl der Karten

s Spurenzahl

l Spurenlänge

i_d Informationsdichte

Zahlenmäßig läßt sich n nicht beliebig erhöhen, so daß auch die Speicherkapazität eines Magazins nicht beliebig erhöht werden kann.

Wie später noch erläutert wird, ist $n = 256$ eine optimale Größe. Beim I.C.T.-Magnetkartenspeicher lassen sich in dem Magazin mit 256 Karten insgesamt 42,5 Mill. Zeichen speichern. Im CRAM-Speicher können in einem Magazin 8 332 800 numerische oder 5 550 200 alphanumerische Zeichen untergebracht werden (1 Karte = 4650 numerische oder 3100 alphanumerische Zeichen).

Für den I.C.T.-Speicher steht eine Magazingruppe von acht Magazinen für die externe Speicherung zur Verfügung. An eine Schreib-Lese-Station lassen sich zwei Gruppen anschließen und an die Zentraleinheit einer Datenverarbeitungsanlage vier Schreib-Lese-Stationen, so daß ein vollständig ausgerüsteter Magnetkartenspeicher die Speicherung von mehr als 2,726 Mrd. Zeichen ermöglicht. Da einzelne Karten ausgetauscht werden können, bietet der Magnetkartenspeicher praktisch eine unbegrenzte indirekte Speicherkapazität.

8.5.2. Kartentransporteinrichtung

Bild 41 zeigt rechts schematisch die Transporteinrichtung für die Magnetkarten im Speicher. Die 256 Magnetkarten sind oben im Magazin aufgehängt. Jede Karte ist adressierbar und kann unabhängig von einer bestimmten Reihenfolge im Magazin aufgerufen werden. Das Kartenmagazin befindet sich in einem Gehäuseteil zusammen mit der sog. Vakuumtrommel. Dieses Gehäuse ist oben und unten abgerundet und verjüngt sich nach unten in Richtung zur rotierenden Trommel. Die ausgewählte Magnetkarte gelangt über einen Zuführungskanal zur Trommel. Durch einen Druckunterschied zwischen dem Innern der Trommel und dem äußeren Raum, in dem sich die Karte befindet, wird die Magnetkarte auf der Trommeloberfläche gehalten. Zu diesem Zweck befinden sich auf dem Umfang der Trommel verteilt kleine Bohrungen, mit deren Hilfe eine Saugwirkung erzeugt wird. Die Magnetkarte kann nun so lange als „auswechselbare Oberfläche" auf der Trommel belassen werden, bis der Lese- oder Schreibvorgang beendet ist. Dann wird durch einen Befehl der Zentraleinheit der Datenverarbeitungsanlage die Saugwirkung unterbrochen. Dadurch löst sich die Karte von der Trommel und wird mit Hilfe einer Schneide zum Kartenmagazin gelenkt.

Der Transport der Karten zur Vakuumtrommel und zurück zum Kartenmagazin erfolgt mit Hilfe des Luftstroms, der im Gehäuse zirkuliert. Dieser Luftstrom ist so gerichtet, daß er auf der einen Seite nach unten wirkt und dadurch die Karten mit zur „Magnettrommel" befördert. Da außerdem die Schwerkraft wirkt, gelangt die Magnetkarte sehr schnell vom Magazin zur Trommel.

Die Rückführung der Karte von der Trommel zum Magazin erfolgt mit Hilfe des aufsteigenden Luftstroms. Damit die Karte an die entsprechende Stelle im Magazin gelangen kann, sind Leitflächen für die Kartenrückführung angebracht.

Damit die Magnetkarten im Magazin nicht aneinanderkleben, wird der Luftstrom auch durch das Kartenmagazin gelenkt. Außerdem wird durch den Luftstrom das Gleiten der Speicherschicht an der Gehäusewand beim Transport der Magnetkarten vermieden. Dieses Gleiten würde sonst zu einem hohen Verschleiß der Magnetkarten führen. Bild 41 zeigt die wichtigsten Teile für den Kartentransport einschließlich der Lage der Rückführung im Prinzip.

3.5.3. Kartenselektion

Die sichere Selektion der Magnetkarten aus dem Magazin ist die Grundvoraussetzung für die einwandfreie Funktion des Magnetkartenspeichers. Die Selektion der Karten erfolgt mit Hilfe der Auswahlstangen. Bild 42 zeigt das Prinzip der Kartenauswahl. Außerdem ist im Bild das Zusammenwirken zwischen Kartenmagazin und Vakuumtrommel dargestellt und die Anordnung der verstellbaren Magnetköpfe gezeigt.

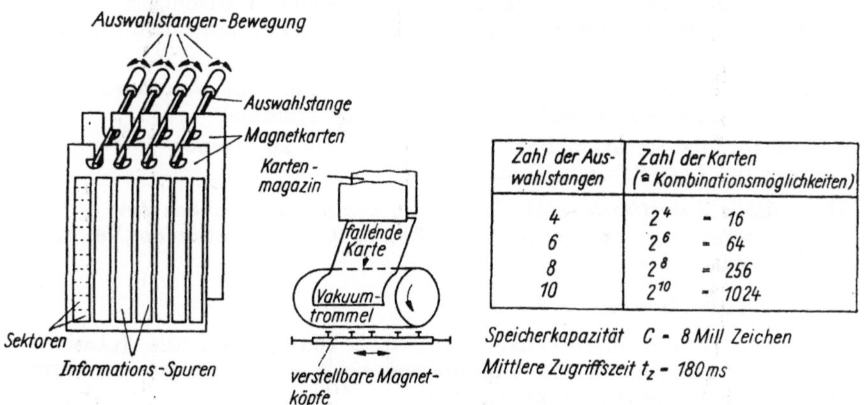

Zahl der Auswahlstangen	Zahl der Karten ($\hat{=}$ Kombinationsmöglichkeiten)
4	$2^4 = 16$
6	$2^6 = 64$
8	$2^8 = 256$
10	$2^{10} = 1024$

Speicherkapazität $C = 8$ Mill Zeichen

Mittlere Zugriffszeit $t_z = 180\,ms$

Bild 42. Kartenauswahl im Magnetkartenspeicher

Im Bild 41 wurde bereits die Magnetkarte gezeigt, die am oberen Rand die Kerben für das Aufhängen der Karten im Magazin mit Hilfe der Auswahlstangen enthalten. Die Kerben sind so ausgeführt, daß sich zwei Stellungen für die Auswahlstäbe ergeben. In dem Bild sind diese Stellungen mit 0 und 1 bezeichnet. Dadurch wird es möglich, bei einer bestimmten Zahl von Auswahlstangen die entsprechende Zahl von Karten im Magazin unterzubringen, da ja stets nur eine Karte freigegeben werden darf.

Wie im Bild 42 rechts angegeben ist, ermöglicht eine bestimmte Zahl
von Auswahlstangen entsprechende Kombinationsmöglichkeiten, da nur
die zwei Stellungen *0* und *1* für jede Auswahlstange möglich sind. Werden
beispielsweise 6 Auswahlstangen verwendet, so ergeben sich $2^6 = 64$
Kombinationsmöglichkeiten, so daß in dem Fall bis 64 Karten in dem
Magazin untergebracht werden können. Da diese Zahl von Karten keine
ausreichende Speicherkapazität ergibt, werden bei den ausgeführten
Magnetkartenspeichern acht Auswahlstangen verwendet, was $2^8 = 256$
Kombinationsmöglichkeiten ($\triangle$ Karten im Magazin) ergibt.
Im Bild 42 sind nur vier Auswahlstangen gezeichnet und zwei Karten
dargestellt, die an diesen Stangen hängen. Die Wahl ist in diesem Bild
so erfolgt, daß die erste Karte freigegeben ist. Im vorliegenden Fall würde
diese Karte zur Vakuumtrommel gelangen, während die dahinterliegende
Karte noch an der links gezeichneten Stange hängt und dadurch nicht
fallen kann.
Die Bewegung der Auswahlstangen wird mit Hilfe von Relais vorgenommen, die sich in zwei spiegelsymmetrische Stellungen drehen lassen. Der
linken Stellung der Stangen kann man z. B. die Binärziffer 0 zuordnen
und der rechten die Ziffer 1, so daß eine binäre Verschlüsselung der
Magnetkarten im Magazin vorliegt.

3.5.4. Zugriffszeit

Aus der Wirkungsweise des Magnetkartenspeichers ist ersichtlich, daß die
Zugriffszeit sich aus der Zeit für die folgenden Funktionsabläufe zusam-
mensetzt:

1. Zeit für die Selektion der Karte und Transport zur Vakuumtrommel
   einschließlich Aufnahme der Karte auf der Trommel
2. Zeit für die Rotation der Trommel, bis die zu lesende Information
   unter die Lese-Schreib-Köpfe gelangt.

Die *mittlere Zugriffszeit* setzt sich damit aus der konstanten Zeit t_k für
die Kartenselektion und der mittleren Zeit t_m für die Rotation der Vakuumtrommel zusammen:

$$t_{zm} = t_k + t_m$$

Beträgt z. B. die Kartenauswahlzeit $t_k = 160$ ms und die rotations-
bedingte Wartezeit für die Vakuumtrommel $t = 0$ bis 40 ms, so ergibt
sich als durchschnittliche Zugriffszeit

$$t_{zm} = 160 + 20 = 180 \text{ ms} .$$

Beim CRAM-Speicher wird z. B. eine Zugriffszeit von 170 ms angegeben.
Die Lese- und Schreibgeschwindigkeit beträgt bei diesem Speicher
150 000 numerische oder 100 000 alphanumerische Zeichen je Sekunde.

Die durchschnittliche Zugriffszeit für den I.C.T.-Speicher wird mit
325 ms angegeben. Die Übertragungsgeschwindigkeit beträgt 80 000
Zeichen in der Sekunde.
Bei der Einschätzung der Arbeitsgeschwindigkeit des Magnetkartenspeichers ist jedoch die tatsächliche Geschwindigkeit zu berücksichtigen,
die höher liegen kann als die angegebene durchschnittliche Zugriffszeit.

Die Erhöhung der Geschwindigkeit ist durch überlapptes Arbeiten möglich. So kann beispielsweise die nächste Karte bereits selektiert werden, wenn die vorherige Karte sich gerade von der Vakuumtrommel löst. Durch diese Arbeitsweise kann die hardwarebedingte Auswahlzeit beträchtlich verkürzt werden.

3.5.5. Datenorganisation

Die Datenorganisation bei Magnetkartenspeichern wird grundsätzlich in der gleichen Weise vorgesehen wie bei den anderen Großraumspeichern (z. B. Großraumtrommelspeicher und Magnetplattenspeicher). Diese Großraumspeicher ermöglichen einen wahlfreien Zugriff zu den gespeicherten Informationen. Der wahlfreie Zugriff („random access") zu den extern gespeicherten Informationen führt zu grundsätzlichen Änderungen in der Datenorganisation, da zur Simultanverarbeitung übergegangen werden kann.

Der Übergang von der gruppenweisen Verarbeitung des anfallenden Datenmaterials zur simultanen Verarbeitung vereinfacht die Organisation der Dateneingabe, da Vorsortierungen und Umsortierungen der Informationen entfallen. Es ergibt sich eine völlig neuartige Form der Datenverarbeitung. So kann jede Information sofort bei ihrer Zuführung nach den verschiedenartigsten Gesichtspunkten verarbeitet und ausgewertet werden. Alle Stammdaten stehen für den ständigen Zugriff zur Verfügung.

Durch den wahlfreien Zugriff zu den gespeicherten Informationen ergeben sich integrierte Datenverarbeitungssysteme als höhere Stufe der elektronischen Datenverarbeitung. Durch die neue Form der Datenorganisation werden völlig neue Anwendungsgebiete erschlossen, die ohne solche Großraumspeicher mit direktem Datenzugriff nicht bearbeitet werden könnten.

Um ein direktes Ansprechen der gespeicherten Information zu gewährleisten, ist ein zweidimensionaler Zugriff zum Informationsspeicher erforderlich. Diese Bedingung wird von den Magnetkartenspeichern erfüllt.

3.5.6. Durchführbare Operationen

Grundsätzlich können folgende Operationen durchgeführt werden:

1. Schreiben von Informationen

Auf Grund der vorgegebenen Speicheradresse wird eine bestimmte Zahl von Speicherzellen fortlaufend mit Informationen belegt. Wenn alle Informationen geschrieben sind, ist die Schreiboperation beendet. Die Schreiboperation kann auch beendet werden, wenn ein Informationsendekennzeichen auftritt.

2. Lesen von Informationen

Das Lesen der Informationen erfolgt analog dem Schreiben, wobei der Lesevorgang durch einen Lesebefehl eingeleitet wird.

3. Einstellen der Magnetköpfe oder Auswahl der Magnetkarte

Der Befehl zur Ausführung dieser Operation wird in der Regel zur Vorauswahl eines bestimmten Speicherbereichs gegeben.

4. Suchen mittels Sucharguments

Von einer bestimmten Speicheradresse an wird der Anfangsteil aller Sektoren eines bestimmten Bereichs gegen das Suchargument verglichen. Wenn Koinzidenz vorliegt, werden die restlichen Informationen des Sektors gelesen.

5. Prüfschreiben

Diese Operation wird sofort nach Beendigung einer Schreiboperation durchgeführt, indem die gerade geschriebenen Informationen gelesen werden, um durch den anschließenden Vergleich die richtige Ausführung des Befehls feststellen zu können. Diese Operation kann entfallen, wenn im Speicher die Richtigkeit der Übertragung durch eingebaute Kontrollen überprüft wird.

3.6. Lochspeicher

Die Lochspeicher haben als externe Speicher in der Datenverarbeitung eine geringere Bedeutung als z. B. die Großraumspeicher. Der Vorteil der Lochspeicher liegt vor allem darin, daß sie die Speicherung der Informationen am Entstehungsort im allgemeinen ohne besonderen Zeitaufwand ermöglichen und danach über Lochband- oder Lochkarteneingabeeinheiten das Eingeben in die Datenverarbeitungsanlagen sichern. Mit der weiteren Entwicklung der Datenverarbeitungstechnik werden die Lochspeicher an Bedeutung verlieren, da man bestrebt ist, alle zu verarbeitenden Informationen am Entstehungsort zu erfassen und ohne das Zwischenschalten besonderer Datenträger an die elektronische Datenverarbeitungsanlage weiterzuleiten. Zur Zeit werden dazu die Fernsprech- und Fernschreibleitungen verwendet, die die Datenübermittlung an die Datenverarbeitungsanlage ermöglichen. In Zukunft wird die Datenerfassung mit Hilfe der automatischen Datenerkennung mit dazu beitragen, daß die Lochspeicher auf die Anwendungsgebiete zurückgedrängt werden, wo ihr Einsatz auch weiterhin wirtschaftlich ist. Auf die wichtigsten Lochspeicher einschließlich der Speicherungsart soll in den folgenden Ausführungen hingewiesen werden.

3.6.1. Lochbänder als externe Speicher

Für die Speicherung von Informationen in Lochbändern werden die verschiedensten Typen von Lochbändern verwendet. Bild 43 zeigt einige oft verwendete Lochbandarten. Das 5spurige Lochband (Bild 43 a) wird vorwiegend im Zusammenhang mit der Informationsübertragung verwendet. Auf Grund der großen Zahl von Kombinationsmöglichkeiten hat das 8spurige Lochband für die Informationsverarbeitung eine besondere Bedeutung. Die im Bild 43 c bis e außerdem angegebenen Lochbänder sind für besondere Zwecke der Informationsverarbeitung in Verbindung mit speziellen Datenverarbeitungsmaschinen entwickelt worden.

Auf die zwei grundsätzlichen Möglichkeiten der Verschlüsselung von Informationen unter Verwendung eines 5- oder 8spurigen Lochbands soll kurz hingewiesen werden [2].

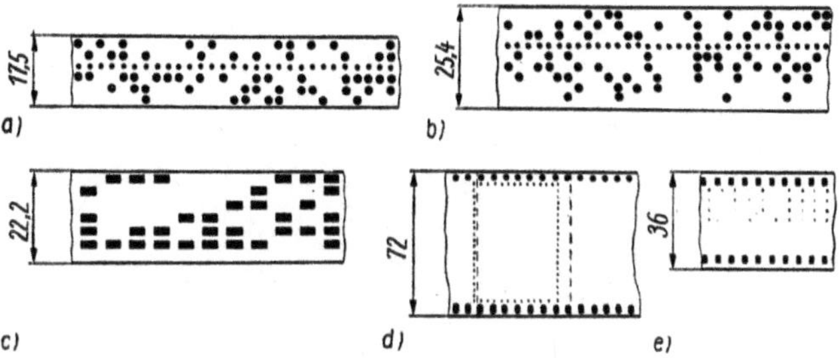

Bild 43. Verschiedene Typen von Lochbändern

a) 5spuriges Lochband (Fernschreibtechnik)
b) 8spuriges Lochband (für Text und Ziffern)
c) 6spuriges Lochband ohne Transportlochspur
d) 20spuriges Lochband (Breitband nach Bull)
e) gelochtes Filmband

Bild 44 zeigt zunächst das Internationale Telegrafenalphabet Nr. 2 für die Informationsspeicherung. Es werden 31 Zeichen verwendet, wovon 26 die Buchstaben des Alphabets und nach Umschalten zugleich die Ziffern 0 bis 9 sowie einige Satz- und Sonderzeichen darstellen. Dieser

Nr.	1	2	T	3	4	5	Buch-staben	Ziffern u. Zeichen
1	●	●	•				A	—
2	●		•		●	●	B	?
3		●		●	●		C	:
4	●		•		●		D	Wer da?
5	●		•				E	3
6	●		•	●	●		F	Frei
7		●	•		●	●	G	Frei
8			•	●		●	H	Frei
9		●	•	●			I	8
10	●	●	•		●		J	Kl (Klingel)
11	●	●	•	●	●		K	(
12		●				●	L	)
13			•	●	●	●	M	.
14			•	●	●		N	,
15			•		●	●	O	9
16		●	•	●		●	P	0
17	●	●	•	●		●	Q	1
18		●	•		●		R	4
19	●		•	●			S	'
20			•			●	T	5
21	●	●	•	●			U	7
22		●	•	●	●	●	V	=
23	●	●	•			●	W	2
24	●			●	●	●	X	/
25	●		•	●		●	Y	6
26	●		•			●	Z	+
27			•		●		WR (Wagenrücklauf)	
28		●	•				ZL (Zeilenschaltung)	
29	●	●	•	●	●	●	Bu (Buchstaben)	
30	●	●	•		●	●	Zi (Ziffern)	
31			•	●			Zwr. (Zwischenraum)	

Bild 44. 5spuriger Lochbandschlüssel (Internationales Telegrafenalphabet Nr. 2)

Belegung durch Soemtron:

Spalte 6: IZ (Irrung-Zeile) Zeile falsch gebucht

7: IR (Irrung-Rechnung) Rechnung (Faktur) falsch

8: Tab. (Tabulator) Setzen des Tabulators bei Lochkartengewinnung

10: RA Rechnungsanfang

Zeichenzahl:

5 Spuren $2^5 =$ 32

6 Spuren $2^6 =$ 64

7 Spuren $2^7 =$ 128

8 Spuren $2^8 =$ 256

Schlüssel dient für zahlreiche Aufgaben der Informationsverarbeitung als Grundlage bei Anwendung von 5spurigen Lochbändern. Die in der Reihe „Ziffern und Zeichen" freien Felder *6* bis *8* (Bild 44) werden meist durch bestimmte Maschinenfunktionen durch die Maschinenhersteller belegt. Der Nachteil dieses Schlüssels liegt darin, daß nur

$$2^5 = 32 \text{ verschiedene Zeichen}$$

gespeichert werden können.

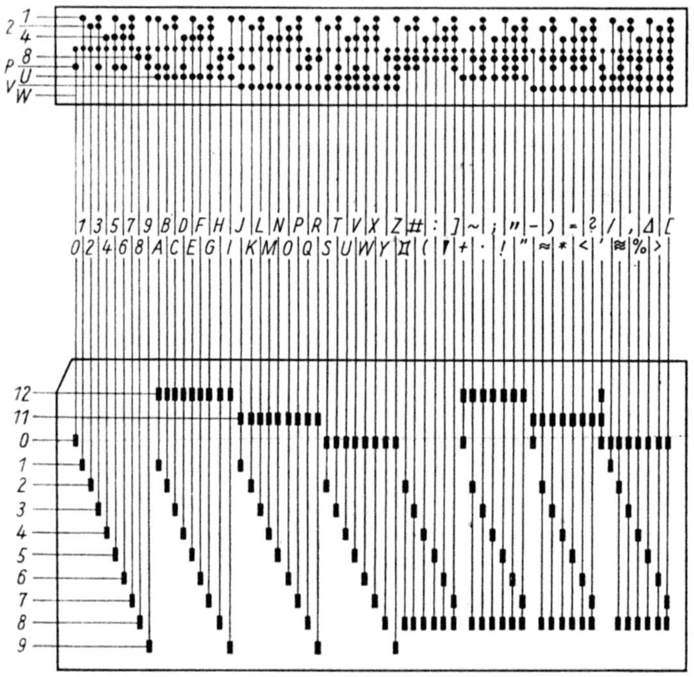

Bild 45a. Kode für Lochband, Lochkarte und Magnetband der EDV A R 300. (Beim Magnetband erfolgt im Prinzip die Kodierung wie beim Lochband)

Den Erfordernissen der Informationsverarbeitung wird deshalb der Schlüssel für das 8spurige Lochband mehr gerecht. Durch die Anwendung von acht Spuren erweitert sich die Speicherungsmöglichkeit auf insgesamt

$$2^8 = 256 \text{ verschiedene Zeichen,}$$

wobei sich das Band entsprechend verbreitert. (1''). Bild 45a zeigt als Beispiel den R 300-Kode für Lochband, Lochkarte und Magnetband sowie Bild 45b den von IBM verwendeten Lochschlüssel für das 8spurige Band. Von den 256 möglichen Kombinationen werden für die Informationsspeicherung nur 55 benutzt: 26 für die Buchstaben, 10 für die Ziffern 0 bis 9, sechs Kombinationsmöglichkeiten für Sonderzeichen und beim IBM-Kode 13 für das Auslösen verschiedener Maschinenfunktionen und Programmgänge. Die Buchstaben werden durch einen 6er-Schlüssel und die

Nr.	Kode 1	2	4	Transp.	3	Kontr.	0	X	ZE	Buchstaben, Ziffern u. Zeichen
1	●			•			●	●		A
2		●		•			●	●		B
3	●	●		•		●	●	●		C
4			●	•			●	●		D
5	●		●	•		●	●	●		E
6		●	●	•		●	●	●		F
7	●	●	●	•			●	●		G
8				•	●		●	●		H
9	●			•	●	●	●	●		I
10	●			•		●		●		J
11		●		•		●		●		K
12	●	●		•				●		L
13			●	•		●		●		M
14	●		●	•				●		N
15		●	●	•				●		O
16	●	●	●	•		●		●		P
17				•	●	●		●		Q
18	●			•	●			●		R
19		●		•		●	●			S
20	●	●		•			●			T
21			●	•		●	●			U
22	●		●	•			●			V
23		●	●	•			●			W
24	●	●	●	•		●	●			X
25				•	●	●	●			Y
26	●			•	●		●			Z
27				•		●				Zwischenraum
28	●			•						1
29		●		•						2
30	●	●		•		●				3
31			●	•						4
32	●		●	•		●				5
33		●	●	•		●				6
34	●	●	●	•						7
35				•	●					8
36	●			•	●	●				9
37				•			●			0
38				•				●		–
39				•		●	●	●		ε
40	●	●		•	●	●		●		$
41	●	●		•	●	●	●			,
42	●	●		•	●		●	●		.
43	●			•		●	●			/
44		●	●	•	●	●	●			Springen
45	●	●	●	•	●	●				Korrektur
46	●	●	●	•	●	●	●	●		Streifen-Zuführung
47	●	●	●	•	●			●		Fehler
48				•					●	Zeilenende
49		●		•	●	●				PS 1
50		●		•	●			●		PS 2
51		●		•	●		●			PS 3
52	●		●	•	●	●	●			PS 4
53	●		●	•	●		●	●		PS 5
54	●		●	•	●	●		●		PS 6
55	●		●	•	●					PS 7

Bild 45b. 8spuriger Lochbandschlüssel (IBM)

Ziffern durch einen reinen 4stelligen Dualkode dargestellt. In der siebenten Spur, der Prüfspur, sind alle Zeichen derart ergänzt, daß die Zahl der besetzten Informationsspuren stets ungerade ist (Bild 45b). Diese Form der Speicherung ermöglicht dadurch, Fehler, die durch Zufügen oder

Verlust eines Impulses entstehen, zu erkennen. Die achte Spur dient lediglich zur Speicherung des Zeichens für das Zeilenende (weitere Kodes s. [2]).

8.6.2. Lochkarten als externe Speicher

Nur der Vollständigkeit halber sei hiermit kurz auf den Lochspeicher Lochkarte hingewiesen, der in fast allen modernen Datenverarbeitungsanlagen als Ein- und Ausgabemedium und für die externe Informationsspeicherung verwendet wird.

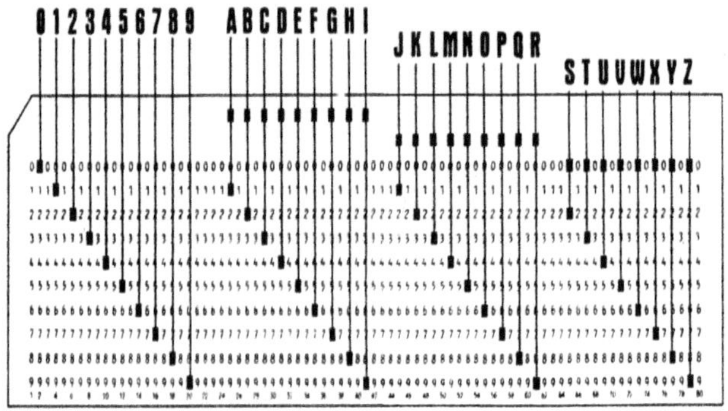

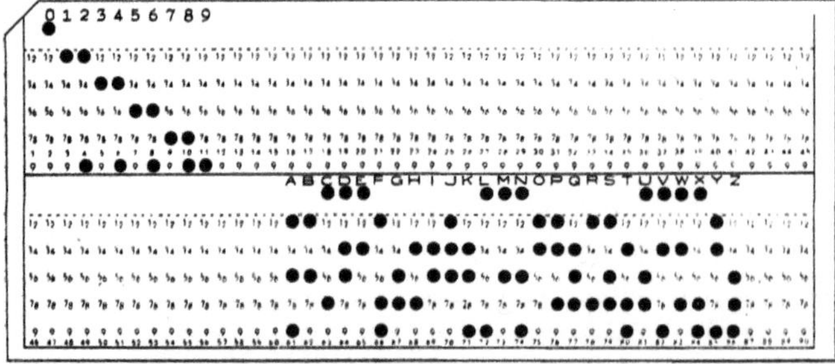

Bild 46. Lochkartenkodes (IBM, Bull, Remington)

Bild 46 zeigt die drei wichtigsten Lochkartenschlüssel in folgender Reihenfolge von oben nach unten:

1. IBM-Schlüssel

2. Bull-Schlüssel

3. Powers-System

Der bekannteste Schlüssel für Zahlen und Buchstaben ist der IBM-Lochkartenkode. Mit Hilfe des Schlüssels ist es möglich, die Lochkarte als Speicher für zusammengehörende Informationen einzusetzen. Die Lochkarte ist in 5 Zeilen eingeteilt (12 Lochzeilen, 2 Randzeilen oben und 1 Randzei am unteren Rand). Zur Erhöhung der Speicherkapazität der Lochkarte wird bei einigen Systemen die Kartenspalte oder die Kartenzeile horizontal geteilt, so daß ein Ober- und Unterdeck entsteht. Ein Beispiel für eine solche Ausführung ist das Powers-System. Der Buchstaben- und Zahlenschlüssel einer solchen Lochkarte ist im Bild 46 unten zu sehen (Remington Rand).

Die Lochkarten haben sich besonders zur Speicherung von

Mengen- und Wertinformationen (z. B. Lagerbestände, Stückzahlen, Stückpreise, Zeiten, Zinsen) und

Ordnungsinformationen (z. B. Kundennummern, Tagesdaten, Teilnummern, Kontonummern)

bewährt. Auf diesen Gebieten wird auch in Zukunft die Anwendung dieses externen Speichers gegeben sein.

3.7. Kontrolle des Informationsaustausches

Durch technische Kontrolleinrichtungen werden in den Datenverarbeitungsanlagen die zwischen der Zentraleinheit und den externen Speichern ausgetauschten Informationen auf Richtigkeit und Vollständigkeit des Informationsaustausches verglichen.

Die Prüfungen beziehen sich auf folgende Arten:

1. Paritätsprüfung je Zeichen
   Durch diese Prüfung wird kontrolliert, ob die Summe aller mit der Binärziffer L belegten Bits des Zeichens gerade oder ungerade ist.

2. Paritätsprüfung je Informationsspur

3. Vergleichsprüfung
   Durch sie läßt sich feststellen, ob der durch das Programm adressierte Bereich des Speichers auch tatsächlich angesprochen worden ist.

Durch diese Prüfungen wird eine hohe Betriebssicherheit beim Informationsaustausch zwischen Zentraleinheit und externem Speicher erreicht. Jedoch läßt sich eine absolute Betriebssicherheit nicht erreichen, so daß besondere Maßnahmen zur Datensicherung erforderlich sind.

3.8. Datensicherung

Wenn auch durch technische Kontrolleinrichtungen ein fehlerfreier
Informationsaustausch zwischen den Baueinheiten der Datenverarbei-
tungsanlagen gewährleistet werden kann, so sind dennoch besondere
Maßnahmen zur Datensicherung erforderlich, um durch fehlerhafte
Informationseingabe und durch Fehler bei der Programmierung nicht
extern gespeicherte Informationen zu verfälschen.

Eine wichtige Methode zur Datensicherung ist die Anfertigung von
Duplikaten. Diese Duplikate können auf verschiedenen Wegen hergestellt werden. Einige Möglichkeiten sind:

1. Speicherung der Informationen in einem zweiten externen Speicher
   oder in Lochkarten

2. Speicherung in gedruckten Listen

In der Regel werden nur die Ausgangsinformationen (Stammdaten) in
dieser Form gesichert, da hierfür gesonderter Speicherraum erforderlich
ist. Auch der zeitliche Aufwand für das Anfertigen der Duplikate ist zu
berücksichtigen. Es kommen deshalb nur schnellarbeitende Speicher
in Frage. In der Praxis wird dieses Problem meist mit Hilfe von Magnetbandspeichern gelöst.

Hinsichtlich der zeitlichen Anfertigung von Duplikaten für Ausgangsinformationen lassen sich grundsätzlich zwei Möglichkeiten anwenden:

1. Synchrone Duplikatanfertigung

In diesem Fall werden die Informationen parallel zur Verarbeitung der
Informationen dupliziert. Diese Form wird bei Anfall großer Datenmengen
zu wählen sein.

2. Asynchrone Duplikatanfertigung

Die zu duplizierenden Informationen werden in bestimmten Zeitabständen
gespeichert. Diese Methode wird nur dann sinnvoll sein, wenn wenig
Daten zu bearbeiten sind.

3.9. Vor- und Nachteile

Der wichtigste Vorteil der externen Speicher liegt darin, daß sie das
Speichern großer Datenmengen ermöglichen. Durch die Austauschbarkeit
des Speichermediums bei einigen Speichertypen wird eine fast unbegrenzte Speicherkapazität erreicht.

Die externen Speicher haben aber in der Regel den Nachteil, daß die
Zugriffszeit zu groß ist. Dieser Nachteil tritt besonders bei den Magnetbandspulenspeichern auf.

Betrachten wir aber zunächst die Vorteile des Magnetbandspeichers, der
heute in fast allen modernen Datenverarbeitungsanlagen zur Anwendung
kommt. Insbesondere im Vergleich zur Speicherung in Lochkarten ergeben sich beim *Magnetbandspeicher* folgende *Vorteile*:

1. Erreichung einer hohen Eingabe- und Ausgabegeschwindigkeit und
   dadurch bessere Ausnutzung der Datenverarbeitungsanlage durch die
   der Rechengeschwindigkeit angepaßte Geschwindigkeit

2. große Speicherkapazität, die durch die Anschlußmöglichkeit von
   weiteren Magnetbandspeichern und dem Austauschen der Spulen fast
   unbegrenzt ist

3. hohe Sicherheit der gespeicherten Informationen, da kein manueller
   Eingriff mehr erforderlich ist

4. das Magnetband ist ein preisgünstigeres Speichermedium als Lochkarten, da das Band zur Informationsaufzeichnung wieder verwendet
   werden kann

Auf folgende *Nachteile* soll hingewiesen werden:

1. die Zugriffszeit kann sehr hoch werden, wenn erst der maximale Band-
   weg zurückgelegt werden muß, was zu Wartezeiten führen kann

2. hoher Aufwand zur Fehlersicherung der Informationen notwendig

3. große mechanische Beanspruchung vor allem bei Start-Stop-Betrieb

Einer der wesentlichen Nachteile, die große Zugriffszeit, konnte durch die
Plattenspeicher beseitigt werden. Besonders die weiterentwickelten
Magnetplattenspeicher, die auswechselbare Plattensätze enthalten, werden
den Erfordernissen einer modernen Datenorganisation besser gerecht als
die Magnetbandspeicher. Insbesondere sind folgende *Vorteile* zu nennen:

> wahlfreier Zugriff zu jedem Speicherplatz
>
> schnellerer Zugriff zu den gespeicherten Informationen als beim
> Magnetbandspeicher
>
> optimale Auslegung der Speicherkapazität
>
> flexible Anpassung an die organisatorischen Probleme durch unter-
> schiedliche Datenformate
>
> einfache Adressierung
>
> günstige Anwendungsmöglichkeiten durch gemeinsamen Einsatz mit
> bewährten peripheren Geräten.

Wenn auch gegenüber dem Magnetbandspeicher die Zugriffszeit beim
Magnetplattenspeicher günstiger liegt, so ist diese Zeit für die elektronische Datenverarbeitung noch zu groß. Auch die Entwicklung der Magnetkartenspeicher konnte diesen Nachteil nicht beseitigen, so daß auch in
Zukunft mit Neuentwicklungen zu rechnen sein wird.

4. Entwicklungstendenzen

Bei der Weiterentwicklung von Informationsspeichern stehen besonders
solche Maßnahmen im Vordergrund, die der Betriebssicherheit beim
Austausch der Informationen zwischen dem Speicher und den anderen
Baueinheiten der Datenverarbeitungsanlage dienen. Die technischen und
organisatorischen Zielstellungen bei der Weiterentwicklung von Speichern
sind in erster Linie von dem Einsatz abhängig. Wenn dadurch für die
internen Speicher teilweise andere Forderungen bei der weiteren Entwicklung zu berücksichtigen sind als bei den externen Speichern, so lassen
sich dennoch für die zahlreichen Speicherarten einige grundsätzliche
Gesichtspunkte angeben, die bei der Weiterentwicklung zu beachten sind.

1. *Optimale Speicherkapazität*

Die Erhöhung der Speicherkapazität wird stets eine wichtige Frage beim
Einsatz der Speicher darstellen. Während es bei den internen Speichern
vor allem um eine optimale Speicherkapazität des Arbeitsspeichers geht,
wird für die externen Speicher oft eine maximale Kapazität gefordert.
Um diese Forderung zu erfüllen, wird der Aufbau der Speicher so erforderlich sein, daß eine schrittweise Ausbaufähigkeit entsprechend den
Anforderungen der Anwender gewährleistet ist. In Verbindung mit der
Speicherkapazität muß jedoch stets die Zugriffszeit berücksichtigt werden.
Wenn die Erhöhung der Speicherkapazität auf Kosten der Zugriffszeit
geht, dann wirkt sich eine solche Entwicklung hemmend auf die Anwendung der elektronischen Datenverarbeitung aus. Deshalb müssen in
Zukunft neue Wege beschritten werden, um die großen Informationsmengen in Speichermedien zu speichern, die ein hohes Aufnahmevermögen bei kleinem Volumen haben. Ein solches Speichermedium scheinen
bestimmte Kristalle (z. B. Kaliumbromid) zu sein. Bei diesen licht-
empfindlichen Kristallen wird eine optische Datenspeicherung angewendet. Die Speicherung wird mit Hilfe eines Laserstrahls vorgenommen,
wobei sich in etwa zwölf Kristallen eine ganze Bibliothek oder die Informationen eines Großbetriebs unterbringen lassen.

Bild 47b) zeigt die Entwicklung der Speicherkapazitäten, wobei gestrichelt
die zu erwartende Entwicklung angegeben ist.

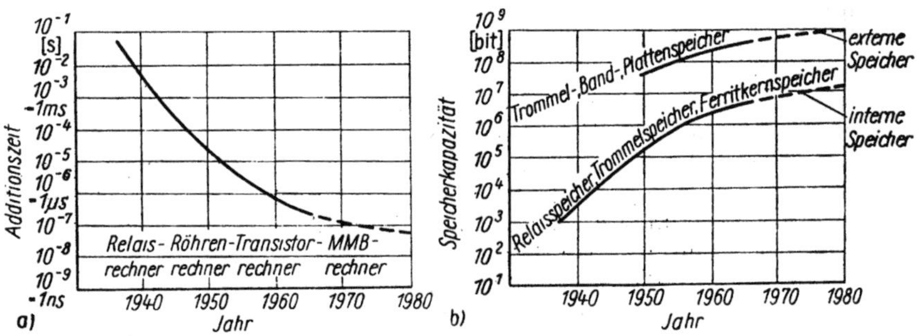

Bild 47. *Entwicklung der Rechenzeiten und der Speicherkapazitäten*
a) Entwicklung der Rechenzeiten (Addition)
b) Entwicklung der Speicherkapazitäten

2. *Kurze Zugriffszeit*

Diese Forderung besteht sowohl für die externen als auch für die internen
Speichereinheiten. Besonders für die internen Speicher sind Speicherelemente erforderlich, die extrem kurze Zugriffszeiten ermöglichen,
damit keine Wartezeiten für die schnellarbeitenden Recheneinheiten
auftreten.
Aus der Entwicklung der Rechenzeiten, die im Bild 47a) dargestellt
ist, resultiert die Forderung nach kleiner Zugriffszeit. Die Entwicklung

der Dünnschichtspeicher kommt dieser Tendenz entgegen, da sich mit
diesen Speichern extrem kurze Zugriffszeiten realisieren lassen.

3. Minimale Kosten

Für die Speichereinheiten werden — wie bei allen anderen Baueinheiten
der Datenverarbeitungsanlage — möglichst geringe Kosten verlangt, da
besonders die externen Speichereinheiten den Preis der Anlagen wesentlich beeinflussen. Die Kostenentwicklung der Baueinheiten für Datenverarbeitung ist im Bild 48 vereinfacht dargestellt. Danach wird auch mit
einem Ansteigen der Kosten für die Digitalspeicher zu rechnen sein.

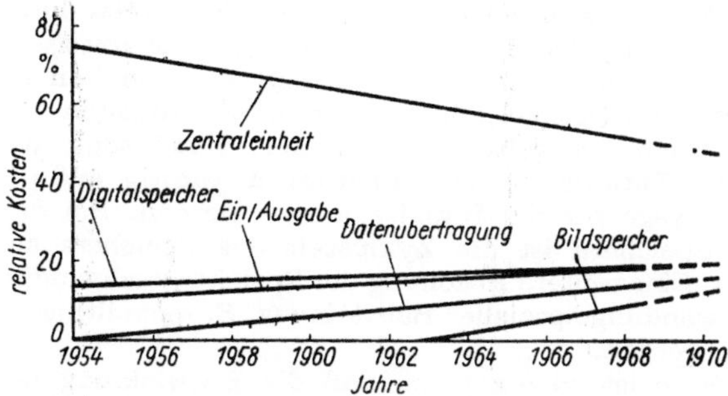

Bild 48. *Kostenentwicklung der Baueinheiten für elektronische Datenverarbeitungsanlagen*

Die Erfüllung dieser Forderungen verlangt teilweise neue Lösungswege.
So können die Zugriffszeiten nur durch die Anwendung neuer Speichermedien verkürzt werden, wie das bei den Dünnschichtspeichern der Fall
ist. Die Maßnahmen zur Erhöhung der Speicherkapazität sind stets in
Verbindung mit den Kosten zu sehen, so daß hier meist der Weg beschritten werden muß, der sowohl die Forderungen nach möglichst großer
Speicherkapazität als auch nach den minimalen Kosten weitgehend erfüllt. Bei der Einschätzung dieser Faktoren ist jedoch stets die Gesamtzeit
zu sehen, die zur Lösung bestimmter Aufgaben der Datenverarbeitung
von der Anlage benötigt wird.
Wichtig ist auch die Forderung nach Erhöhung der Kapazität bei gleich-
zeitiger Verringerung des Speichervolumens. Diese Forderung läßt sich
durch die Entwicklung von miniaturisierten Speichereinrichtungen ver-
wirklichen. Außerdem ist es dazu erforderlich, z. B. bei Magnetkernspeichern die verwendeten Ferritringkerne weiter zu verkleinern und das
Volumen für die elektronischen Baugruppen zur Steuerung der Impulse
zu verringern. Daß dieser Weg grundsätzlich möglich ist, wird von IBM
mit einer neuen Lösung für Magnetkernspeicher demonstriert. Bei dieser
Lösung handelt es sich um einen miniaturisierten Speicher, der zu den
kleinsten und kompaktesten Speichern zählt. Die Speicherelemente
bestehen aus winzigen Ringen mit einem Innendurchmesser von 7,5
Tausendstel Zoll. Durch die Verwendung solcher kleinen Speicherelemente
ergibt sich eine höhere Dichte. Sie beträgt beispielsweise bei der neuen
Lösung etwa 4000 Kerne oder Informationsbits auf einer quadratischen

Fläche von 1 □ ''. Eine weitere Erhöhung der Speicherdichte hängt von
der Beherrschung der Technologie bei der Herstellung der Magnetkernspeicher ab.

Eine Verringerung des Volumens von Baugruppen für die Steuerelektronik
läßt sich durch die Anwendung von Halbleiterschaltungen erreichen, die
aus aufgedampften dünnen Schichten bestehen, wobei auch Transistoren
aus dünnen magnetischen Schichten hergestellt und mit aufgedampft
werden. Diese Entwicklung ist bei den Schaltungen für schnelle elektronische Rechner bereits in vollem Gange und wird sich auch auf die
Speichereinheiten günstig auswirken.

Die Verkürzung der Zugriffszeit, die zweite wichtige Forderung bei der
Weiterentwicklung von Magnetkernspeichern, wird teilweise bereits durch
die Verringerung des Volumens der Speicher mit realisiert. Magnetische
Elemente mit kleinem Volumen lassen sich in kürzerer Zeit schalten als
größere Speicherelemente. Als Beispiel können hier die Schaltzeiten von
dünnen magnetischen Schichten gelten. Neben der Verkürzung der
Schaltzeit wirkt sich die Verkürzung der Zuleitungen günstig auf die
Zugriffszeit aus, da die Wege für die Impulse kürzer werden. Bei den
erwähnten neuen IBM-Speichern ist die Zykluszeit des Speichers auf
375 ns verringert worden. Eine weitere Erhöhung der Speichergeschwindig-
keit kann durch die Verwendung spezieller Bausteine (z. B. monolithische
32-bit-Moduln) erreicht werden.

Auch aus diesen Hinweisen ist zu erkennen, daß die Entwicklung der
Speicher noch nicht als abgeschlossen angesehen werden kann. Diese
Entwicklungslinien in der Speichertechnik bedingen vor allem neue
Herstellungsverfahren, die sich bei weiterer Vervollkommnung günstig
auf den Preis auswirken werden.

Literaturverzeichnis

[1] *Paulin, G.:* Kleines Lexikon der Rechentechnik und Datenverarbeitung.
REIHE AUTOMATISIERUNGSTECHNIK, Bd. 52.

[2] *Bürger, E; Leonhardt, W.:* Lochbandtechnik, Mittel zur Datenerfassung
und -verarbeitung. REIHE AUTOMATISIERUNGSTECHNIK, Bd. 86.

[3] *Klaus, G.:* Wörterbuch der Kybernetik. Berlin: Dietz Verlag.

[4] *Steinbuch, K.:* Taschenbuch der Nachrichtenverarbeitung. Berlin: Springer-
Verlag.

[5] *Bürger, E.:* Speicherverfahren bei Büromaschinen. NTB 1963, Hefte 6, 7,
9, 12.

[6] *Böhme, L.:* Periphere Geräte der digitalen Datenverarbeitung. REIHE
AUTOMATISIERUNGSTECHNIK, Bd. 70.

[7] *Bürger, E.:* Elektrische und mechanische Probleme beim Trommelspeicher.
Wissenschaftliche Zeitschrift der TU Dresden *10* (1961), H. 4.

[8] *Speiser, A. P.:* Digitale Rechenanlagen. 2. Aufl. Berlin: Springer-Verlag
1965.

[9] *Zschenkel:* Schnellspeicher. VDI-Bericht Nr. 67/1963.

[10] *Schubert, G.:* Digitale Kleinrechner. REIHE AUTOMATISIERUNGS-
TECHNIK, Bd. 5.

Tafel 2. Übersicht über die am häufigsten angewendeten Speicher nach dem Stand von 1968

EDV-Anlage	Typ des Speicherelements	Kapazität [alphanum. Zeichen]	Zugriffszeit μs bzw. ms
interne Speicher			
Gamma 40	Kern	$4\ldots16\cdot10^4$	$1{,}5\ \mu s$
CD 1700	Kern	$8\ldots65\cdot10^3$	$1{,}1\ \mu s$
B 3500	Kern	$1\ldots50\cdot10^4$	$1\ \mu s$
CD 3500	Kern	$6{,}5\ldots104{,}8\cdot10^4$	$0{,}8\ \mu s$
H 8200	Kern	$2{,}62\ldots10{,}49\cdot10^5$	$0{,}75\ \mu s$
IBM 360/90	Kern	$5{,}24\ldots10{,}48\cdot10^5$	$0{,}5\ \mu s$
CD 6700	Kern	$1{,}311\cdot10^6$	$0{,}025\,/\,0{,}25\ \mu s$
Gamma 55	Dünnschicht	$2{,}5\ldots10\cdot10^3$	$7{,}9\ \mu s$
NCR 315-RMC 502	Dünnschicht	$2{,}62\ldots10{,}49\cdot10^5$	$0{,}75\ \mu s$
UNIVAC 9300	Dünnschicht (Magnetdraht)	$8\ldots32\cdot10^3$	$0{,}6\ \mu s$
externe Speicher			
Gamma 55	Trommel	$9\cdot10^7$	$10\ ms$
CD 1700	Trommel	$0{,}13\ldots16\cdot10^6$	$8\ ms$
H 8200	Platte (fest)	$3\cdot10^8$	$85\ ms$
CD 7600	Platte (fest)	$1{,}67\cdot10^8$	$70\ ms$
CD 3800	Platte (fest/wechsel)	$2\ldots200\cdot10^6$	$70\ldots90\ ms$

Daneben werden Magnetband- und Magnetkartenspeicher bei verschiedenen Anlagen zur externen Speicherung verwendet.

Sachwörterverzeichnis

REIHE AUTOMATISIERUNGSTECHNIK

Fortsetzung 4. Umschlagseite

Fortsetzung 4. Umschlagseite